Emmanuel Essien

# DESEMPENHO DE CRESCIMENTO DO PEIXE-GATO

Emmanuel Essien

# DESEMPENHO DE CRESCIMENTO DO PEIXE-GATO

## -comparação de clarias gariepinus alimentadas com quatro rações diferentes para peixes comerciais

ScienciaScripts

**Imprint**



Cover image: www.ingimage.com

This book is a translation from the original published under ISBN 978-3-659-86474-2.

Publisher:
Sciencia Scripts
is a trademark of
Dodo Books Indian Ocean Ltd. and OmniScriptum S.R.L publishing group

120 High Road, East Finchley, London, N2 9ED, United Kingdom
Str. Armeneasca 28/1, office 1, Chisinau MD-2012, Republic of Moldova, Europe
Managing Directors: Ieva Konstantinova, Victoria Ursu
info@omniscriptum.com

Printed at: see last page
**ISBN: 978-620-8-56444-5**

## DEDICAÇÃO

Este projeto é dedicado a Deus Todo-Poderoso, que foi o cérebro por detrás deste trabalho através da sabedoria que colocou à disposição do meu supervisor para me orientar.

# RESUMO

Foi efectuado um ensaio alimentar de 70 dias para avaliar o desempenho do crescimento de cinco alimentos comerciais para peixes em juvenis *de Clarias gariepinus*. Os peixes foram distribuídos aleatoriamente por cinco tanques de tratamento com uma réplica cada e um tanque de controlo, com uma taxa de ocupação de 20 peixes por tanque. Os peixes foram alimentados com 10% do seu peso corporal, duas vezes por dia. Coppens (TC) foi usado como controlo com quatro tratamentos que foram Aqualis (T1), Ecofloat (T2), Bluecrown (T3) e Vitafeed (T4). Os alevinos foram obtidos da Vision Park Farms Nigeria Limited, Uyo, Estado de Akwa Ibom, tinham um peso médio de 2,49±0,23g, um comprimento total médio de 7,01±0,30cm e um comprimento padrão médio de 6,16±0,24cm. Foram colocados num tanque de plástico de lona retangular de tamanho uniforme, em réplicas com dimensões de 40cmx40cmx50cm. O desempenho em termos de crescimento e de utilização de nutrientes de *Clarias gariepinus* foi mais elevado com Coppens como controlo. Os dados relativos a cada parâmetro foram submetidos a uma análise de variância (ANOVA) de uma via, enquanto as médias dos vários resultados foram comparadas a um nível de significância de 5%. Houve diferenças significativas ($P<0,05$) no ganho de peso entre os tratamentos em 53,10g, 38,10g, 37,50g, 30,40g e 30,15g para Coppens (TC), Bluecrown (T3), Vitafeed (T4), Aqualis (T1) e Ecofloat (T2), respetivamente. Além disso, houve diferenças significativas na taxa de crescimento específico (SGR), bem como na taxa de crescimento diário (DGR) entre as marcas de ração para Coppens, Bluecrown, Vitafeed, Aqualis e Ecofloat, respetivamente, com 2,79 e 1,97, bem como 1,49 e 1,12, respetivamente. Em todos os tratamentos, também houve diferenças significativas no ganho de peso bimestral, comprimento total e comprimento padrão. A temperatura, o pH e o DO foram mantidos a 25,5° C - 28,5° C, 6,6 - 7,3 e 6,2 mg\l - 8,0 mg\l, o que se enquadra nas gamas de parâmetros físico-químicos recomendados para um crescimento adequado dos peixes. Com base nos resultados, para além do tanque de controlo (TC) alimentado com ração importada (Coppens), as rações formuladas localmente mostraram um melhor desempenho por ordem decrescente T3>T4>T1>T2.

# AGRADECIMENTOS

A minha sincera gratidão e apreço vão para Deus Todo-Poderoso pelas Suas misericórdias, Graça e bênção financeira que me permitiram realizar este trabalho.

A minha mais profunda gratidão ao meu supervisor Dr. A. O. Okon que despertou o meu interesse pela pesca e aquacultura durante a minha formação industrial e duplicou o meu zelo e paixão como supervisor do meu projeto. Estou também grato aos meus pais, Apóstolo e Dcns. A. O. Essien pelo seu apoio em todas as ramificações. Aos meus professores que me ensinaram e guiaram desde o início das minhas actividades académicas até à data. Aos meus irmãos, Samuel, Victor, Godgreat e Mkpoikanke, digo um grande obrigado. Aos meus colegas, Unwana, Silas, Adekunle e Usoro, que me ajudaram, estou grato. Agradeço também ao Assistente de Laboratório de Microbiologia que me ajudou a realizar este trabalho.

# Conteúdo

# CAPÍTULO I: INTRODUÇÃO

## 1.1 Antecedentes do estudo

A aquacultura é uma empresa que está a crescer rapidamente e a melhorar a economia a nível mundial. O objetivo da aquacultura é a produção de peixe para fornecer proteínas à dieta humana (Sugunan, 2002). O peixe é cultivado para servir de alimento e fonte de rendimento para a população humana em crescimento, para repovoamento de ribeiros e rios, a fim de reduzir a escassez devida ao declínio da captura selvagem, e para fins recreativos (FAO, 2OOO). O peixe é facilmente digerível e tem a capacidade de prevenir e tratar distúrbios cardíacos e doenças neurológicas (Tan *et al.,* 2007). Ao longo dos anos, com a crescente popularidade da aquacultura, a alimentação dos peixes tornou-se um dos elementos mais caros. A gestão da alimentação em termos de otimização da taxa de alimentação é essencial na cultura de peixes marinhos e de água doce e tornou-se uma das áreas cruciais de investigação no domínio da aquicultura. Assim, para reduzir as despesas excessivas, numerosos estudos têm-se centrado na taxa de alimentação e nos ingredientes para peixes (Dong-Fang *et al.,* 2003). A produção aquícola é considerada a futura solução global para o declínio da captura de peixes selvagens. No entanto, a produção insuficiente de peixes devido à falta de alimentos de qualidade a preços acessíveis é um grande desafio no desenvolvimento da aquicultura (Matanda, 2017).

Um dos principais factores que militam contra a piscicultura na Nigéria tem sido o alto custo dos ingredientes da ração para peixes, particularmente a farinha de peixe (Omitoyin, 2007). Omitoyin (2007) também relatou que muitos piscicultores na Nigéria dependem de rações de qualidade importadas que são geralmente caras. A utilização de tais rações comercialmente formuladas aumenta o custo de produção, reduzindo assim a margem de lucro dos piscicultores. Isto traduz-se, em última análise, num custo elevado do peixe, porque a alimentação representa uma proporção elevada (50-60%) do custo variável de produção (Helfrich e Craig, 2002). De acordo com Nyina-Wamwiza *et al.*, (2010), em África, as espécies mais cultivadas são a Tilápia (*Oreochromis niloticus*) e o Peixe-gato africano (*Clarias gariepinus*). O peixe-gato africano habita numa grande variedade de corpos de água como pântanos, lagos e rios. Com base numa perspetiva biológica, é sem dúvida um dos candidatos ideais para a aquacultura no mundo. Está amplamente distribuída, prospera em diversos ambientes, é resistente, adaptável e uma espécie ecologicamente importante, principalmente devido à sua capacidade de respirar ar. Alimenta-se de uma grande variedade de presas naturais e pode adaptar os seus hábitos alimentares em função da disponibilidade de alimentos. É capaz de resistir a condições ambientais adversas e é altamente fecundo, sendo fácil de reproduzir artificialmente em cativeiro. São capazes de se desenvolver em condições ambientais adversas, incluindo em massas de água lamacentas, turvas e pobres em oxigénio, com a ajuda do seu órgão acessório de respiração aérea (órgão labiríntico) que lhes permite respirar o oxigénio atmosférico. Em geral, são omnívoros. Alimentam-se de insectos, plâncton, caracóis, matéria vegetal nas massas de água naturais (Uys, 1989). O peixe-gato africano é apreciado pelos consumidores pela qualidade da sua carne (Pruszyński, 2003) e é sobretudo fumado e utilizado em sopas. É reconhecido pelas suas longas barbatanas dorsais e anais, que lhe dão um aspeto semelhante ao da enguia. O peixe-gato tem um corpo esguio, uma cabeça óssea plana e uma boca larga e terminal com quatro pares de barbelas. Os seus barbilhões proeminentes dão-lhe a imagem de bigodes de gato. O peixe é maioritariamente cultivado em tanques de terra. No entanto, pode ser cultivado noutros sistemas, como tanques, tanques de lona e hapas. Nos sistemas selvagens e ribeirinhos, o peixe reproduz-se naturalmente, mas é necessário um esforço considerável para induzir a desova em condições de cativeiro. O peixe gato africano é uma espécie excelente para a aquacultura porque cresce rapidamente e tolera uma qualidade de água relativamente pobre (Rad *et al.*, 2003). No entanto, esta espécie é altamente canibal quando ocorrem diferenças substanciais de tamanho (Baras e Jobling, 2002).

Uma boa nutrição nos sistemas de produção animal é essencial para a produção económica de um produto saudável e de alta qualidade. Na piscicultura (aquacultura), a nutrição é crítica porque a alimentação representa normalmente cerca de 50 por cento do custo variável de produção. A nutrição dos peixes avançou dramaticamente nos últimos anos com o desenvolvimento de novos regimes alimentares comerciais equilibrados que promovem um crescimento e uma saúde óptimos dos peixes. O desenvolvimento de novas formulações de dietas específicas para cada espécie apoia a indústria da aquicultura à medida que esta se expande para satisfazer a crescente procura de produtos de peixe e marisco acessíveis, seguros e de alta qualidade (Craig *et al.*, 2017).

Tendo em conta a intensificação da produção de peixe-gato, a indústria de rações aquáticas cresceu e passou dos dias de investigação em nutrição de peixe e dieta de peixe que começou no NIOMR (Nig. Inst. for Oceanography and Marine Research) onde um moinho de pellets de tamanho de laboratório foi estabelecido para esse fim para uma indústria próspera de cerca de 12 produtores comerciais de rações aquáticas na Nigéria (Ayinla, 2007) também, as empresas importam rações flutuantes de alta qualidade da África do Sul, Holanda, Estados Unidos da América e Europa (Hect, 2007). Existe, portanto, uma necessidade premente de procurar alimentos alternativos baratos a partir de fontes não convencionais para reduzir os custos. As sementes de origem leguminosa constituem uma alternativa promissora (Eromosele e Eromosele, 1993), uma das quais é a *Bauhinia monandra* (Kutz), que tem potencial para ser utilizada na alimentação animal, incluindo peixes, tendo em conta o seu teor de proteínas brutas de 33,09% (Anhwange *et al., 2004)*. No entanto, a sobrealimentação e os resíduos de comida no tanque perturbam a qualidade da água (Ng *et al.*, 2000), enquanto o fornecimento inadequado de comida tem um impacto direto no custo de produção (Mihelakakis *et al.*, 2002). Vários factores influenciam a taxa de alimentação dos peixes num sistema de cultura. Estes incluem o tamanho dos peixes, as espécies de peixes e os sistemas de cultivo, etc. (Cho *et al.*, 2003). A taxa de alimentação é também influenciada pela presença de nutrientes na ração (Mihelakakis *et al.*, 2002).

A alimentação é um dos custos operacionais que mais limita a expansão das espécies cultivadas (Sorensen, 2012). A alimentação representa normalmente 40-60% dos custos operacionais, dependendo do nível de intensificação e das espécies envolvidas (Limbu e Jumanne, 2014; Kannadhason *et al.*, 2009). O custo da alimentação é geralmente exacerbado quando a espécie cultivada requer um nível mais elevado de proteínas na dieta. Como tal, existe atualmente no mercado uma variedade de marcas de rações para peixe-gato flutuante, tanto importadas como fabricadas localmente. A alimentação do peixe representa por si só pelo menos 60% do custo total da produção de peixe (Jamu e Ayinla, 2003) e a composição nutritiva da ração influencia a utilização da ração e, em última análise, o crescimento do peixe. Dado que a ração é o maior custo recorrente na cultura de peixe gato, os criadores de peixe gato que estão agora cercados com diferentes marcas de ração para peixe gato beneficiarão de informação recolhida através de estudos sobre ensaios de ração que indicarão as marcas mais eficientes em termos de crescimento ótimo num tempo mínimo. Ensaios de rações foram efectuados em *Clarias gariepinus* para avaliar a sua resposta de crescimento a diferentes fontes de proteínas vegetais e animais locais facilmente disponíveis (Otubusin *et al.*, 2009; Aminisah *et al.*, 2009; Sotolu 2009; Achionye-Nzeh *et al.*, 2002, 2003). Assim, a alimentação popular será determinada por várias caraterísticas dos peixes, que incluem uma ampla distribuição, capacidade de tolerar condições de má qualidade da água, adaptabilidade à sobrelotação, rendimentos extremamente elevados e boas respostas à alimentação artificial. Foi demonstrado que, para obter bons resultados nesta produção de peixes, é essencial uma alimentação artificial de boa qualidade, que requer um nível de proteínas na dieta de 35-45% (Degani *et al.*, 1989).

## 1.2 Declaração do problema de investigação

O elevado custo dos alimentos para peixes é atribuído à qualidade dos ingredientes para peixes. Além disso, os componentes das rações para peixes comerciais são caros e também exigidos pelo homem, reduzindo assim a disponibilidade de ingredientes para rações para peixes comerciais e tornando-os competitivos tanto para os produtores como para os agricultores. Quanto mais elevado for o custo dos alimentos para peixes, maior será o impacto direto no custo de produção. Tendo em conta este facto, é de supor que a identificação de uma ração para peixes barata irá, sem dúvida, sustentar o negócio da piscicultura.

## 1.3 Justificação do estudo

A alimentação é um fator crítico na produção de peixe porque representa 50-60% do total da produção (Ogunlade, 2007). Assim, os resultados deste estudo darão aos agricultores um melhor conhecimento sobre as rações comerciais específicas entre Aqualis, Coppens, Bluecrown e Vitafeed que podem ser usadas a um custo mínimo para um crescimento ótimo dos peixes.

## 1.4 Metas e objectivos

O objetivo do estudo foi comparar o desempenho de crescimento de diferentes rações comerciais no peixe-gato africano (*Clarias gariepinus*) no Estado de Akwa Ibom.

Os objectivos específicos do estudo incluem:

1. Determinação do desempenho do crescimento e da utilização dos alimentos de *Clarias gariepinus* alimentadas com cinco tipos diferentes de alimentos comerciais utilizados no estudo.
2. Avaliar a sustentabilidade das várias rações comerciais para a utilização do peixe-gato africano (*C. gariepinus*) que os agricultores poderiam utilizar para sustentar o negócio da piscicultura no Estado de Akwa Ibom.
3. A avaliação do impacto dos vários alimentos para peixes em alguns parâmetros básicos da água do tanque.

# CAPÍTULO DOIS: REVISÃO DA LITERATURA

## 2.1 Aquacultura

A aquacultura é a criação racional de peixes e outros organismos aquáticos em tanques artificiais. A aquicultura, com uma taxa de crescimento anual de 8-10%, é o subsector agrícola de crescimento mais rápido (FAO, 2013). Thorarinsdottir *et al.*, (2011) também relataram que a indústria agrícola é a indústria de produção de alimentos que mais cresce no mundo e aproximadamente 50% de todo o peixe consumido pelos seres humanos é proveniente da aquicultura. No entanto, observaram que o principal fator de custo na aquicultura é o custo da alimentação. Mais de metade dos peixes alimentares do mundo são produzidos através da aquacultura, que, por sua vez, depende fortemente da alimentação aquática (FAO, 2012). O peixe é uma importante fonte de alimento e de rendimento para muitas pessoas nos países em desenvolvimento. O consumo e a procura de peixe como uma fonte barata de proteína estão a aumentar em África, devido ao nível de pobreza na região. A grande maioria do abastecimento de peixe provém, na maior parte dos casos, dos rios do continente. Embora a pesca de captura baseada em espécies que são atualmente exploradas pareça ter atingido o seu limite natural (FAO, 1996), existe uma necessidade considerável, dado o potencial disponível, de expandir a aquacultura em África, a fim de melhorar a segurança alimentar (Jamu e Ayinla, 2003).

## 2.2 Produção de peixe

A piscicultura, de acordo com a FAO (2000), é entendida como a criação de organismos aquáticos. A piscicultura implica algumas formas de intervenção no processo de criação para aumentar a produção, tais como o armazenamento, a alimentação, a proteção contra predadores, etc. É também o cultivo e a criação de organismos aquáticos em condições controladas ou semi-controladas. A importância da piscicultura nos países em desenvolvimento aumentou muito depois da seca do Sahel de 1971-1974 que dizimou grandemente a população de gado, tornando o preço do gado virtualmente proibitivo para a maioria dos nigerianos. Uma tendência que despoletou o correspondente aumento da procura de peixe, que era então a principal alternativa e fonte de proteína animal (FAO, 2010). O peixe é um alimento altamente proteico consumido por uma grande percentagem da população devido à sua disponibilidade e palatabilidade. As pescas são muito importantes para o homem do ponto de vista económico e são uma boa fonte de alimento. A carne do peixe é rica em proteínas e gordura. O peixe seco também contém vitamina A e D, bem como minerais. É a mais importante fonte individual de proteínas de alta qualidade para o homem, fornecendo 16% das proteínas animais consumidas pela população mundial (Foran *et al.*, 2005).

O peixe é uma importante fonte de proteínas em regiões onde o gado é relativamente escasso. O peixe fornece <10% das proteínas animais consumidas na América do Norte e na Europa, mas 17% em África, 26% na Ásia e 22% na China (FAO, 2000). Os aumentos do consumo per capita representam apenas uma pequena parte. É o aumento da população humana em muitos países da Ásia, África e América do Sul que é o principal responsável por esta procura crescente de peixe para alimentação. Estes dados ilustram que uma fonte consistente de peixe é essencial para a saúde nutricional e financeira de um grande segmento da população mundial. O aumento da produção de peixe proveniente da aquacultura ajudaria a combater a fome e a subnutrição, que continua a ser um dos problemas mais devastadores enfrentados pela maioria das populações rurais pobres na região do Delta do Níger, na Nigéria, e no mundo em geral (Ezenwa, 2006).

Hecht (2013) relatou que a produção de peixe-gato no subcontinente está a aumentar exponencialmente. A cultura intensiva em tanques está a tornar-se mais popular em áreas peri-urbanas na Nigéria. O peixe-gato é agora normalmente desovado e as suas larvas são criadas em incubadoras durante 10 a 14 dias, após o que são criadas em viveiros ou em tanques. O sucesso da criação de larvas e taxas satisfatórias de sobrevivência dependem principalmente de programas adequados de fertilização. Para uma sobrevivência e crescimento óptimos, é necessário alimento vivo (principalmente Artemia) durante os primeiros cinco dias após o início da alimentação exógena, após o que os peixes podem ser desmamados para um alimento inicial seco. Até um tamanho de 5g, a espécie tem uma alta demanda de proteínas (>50 por cento). A criação extensiva de peixe gato em tanques é em grande parte uma atividade de subsistência e é praticada principalmente em policultura com tilápia que serve como peixe forrageiro, e usando um único ingrediente de ração como milho ou farelo de trigo. O cultivo semi-intensivo de peixe gato em tanques estáticos e de fluxo, bem como em condições de cultura de tanque de alta densidade requer uma alimentação completa; os níveis de produção alcançados nestes três sistemas são 15-24 toneladas/ha/ciclo, 40 toneladas/ha/ciclo e 385kg/m3/ciclo, respetivamente. É necessário produzir dietas com partículas de tamanho aceitável para criar larvas de peixe, alevins, juvenis e adultos de várias espécies de carpa comum (*Cyprinus carpio*), *Chrysichthys nigrodigitatus, Clarias spp, Tilipia spp, Mugill spp* e outras espécies tropicais consideradas adequadas para cultivo (Okon, 1991).

## 2.3 O peixe-gato africano: *Clarias gariepinus*

O peixe-gato africano da família Claridae é o peixe mais comummente cultivado na Nigéria (Adewumi e Olaleye, 2010). Muitos peixes-gato são noturnos (Wong, 2001). Encontram-se em ambientes aquáticos com peixes, embora a maioria habite águas correntes e pouco profundas. O peixe-gato tem uma variedade de formas corporais, embora a maioria tenha um corpo cilíndrico com um ventre achatado para permitir a alimentação bentónica. Alimentam-se geralmente por sucção ou ingestão em vez de morderem e cortarem as presas (Bruton, 1996). O peixe-gato africano é uma excelente espécie para a aquacultura. É omnívoro, cresce rapidamente e tolera condições ambientais relativamente más. São peixes de respiração aérea, grandes, parecidos com uma cinta, geralmente com uma coloração cinzento-escura ou preta no dorso, que desvanece para um ventre branco (Rad *et al.,* 2003). *C. gariepinus* é geralmente considerado como uma das mais importantes espécies de peixe-gato tropical para aquacultura na África Ocidental (Akinsanya e Otubayo, 2006; Silas *et al.,* 2024).

## 2.4 Requisitos nutricionais dos peixes

A farinha de peixe é uma excelente fonte de proteínas para a alimentação dos peixes e fornece aminoácidos essenciais e ácidos gordos ómega 3 e 6 (Lech e Reigh, 2012). No entanto, o fornecimento de farinha de peixe é afetado negativamente pela sobrepesca e pela poluição aquática (Hardy, 2010). O sucesso da piscicultura depende invariavelmente do fornecimento de alimentos adequados e económicos para peixes (Delgedo e Minot, 2003). Gabriel *et al.,* (2007) também referiram que os peixes necessitam de uma dieta de alta qualidade e nutricionalmente equilibrada para crescerem e atingirem um tamanho comercializável no mais curto espaço de tempo possível. Estudos recentes sobre a alimentação da truta arco-íris com proteínas vegetais concentradas indicaram que estes ingredientes podem substituir toda a farinha de peixe da dieta sem redução ou apenas com uma ligeira redução do crescimento (Gaylord *et al.,* 2006, Inyang *et al.,* 2024).

Cento e cinquenta juvenis de *Clarias gariepinus* com peso médio de 53g foram colocados aleatoriamente em sete peixes por tanque (52,5 X 33,5 X 21 cm3) em triplicado. Foram formuladas sete dietas experimentais com níveis variados de inclusão de fontes de cálcio e fósforo: Dieta 1 (1% DCP e 1% casca de ovo), Dieta 2 (2% DCP), Dieta 3 (2% casca de ovo), Dieta 4 (1% farinha de ossos e 1% casca de ostra), Dieta 5 (1% casca de ovo e 1% farinha de ossos), Dieta 6 (0,5% casca de ovo, 1% farinha de ossos e 0,5% casca de ostra) e a Dieta 7 não tinha nenhuma fonte extra de cálcio ou fósforo. O ganho de peso médio, MWG e a taxa de crescimento específico, SGR do resultado mostrou diferença significativa ($P < 0,05$) entre os tratamentos de teste. A dieta 2 mostrou o maior MWG e SGR (63,5 g e 2,13 %/dia, respetivamente), também mostrou o maior valor para a ingestão de proteínas (23,09), enquanto a dieta 4 teve os melhores valores para o rácio de eficiência proteica (3,01) e rácio de conversão alimentar (0,96). A dieta 2 (2% DCP) registou valores significativamente diferentes ($p < 0,05$) para o valor do lucro líquido, análise de custos de investimento e lucro bruto para os índices económicos testados em comparação com outras dietas. Portanto, os resultados do estudo sugerem que o nível de inclusão de 2% de DCP é o requisito ideal para o crescimento de *C. gariepinus* (Lawal *et al.,* 2013).

### 2.4.1 Proteínas

A rápida expansão da aquacultura, juntamente com o aperfeiçoamento das técnicas de cultivo de peixes, aumentou a procura de alimentos para peixes que dependem da farinha e do óleo de peixe como principais componentes da dieta devido à sua qualidade nutricional ideal. O uso de várias proteínas alternativas como substituto da farinha de peixe tem sido praticado há muitos anos (Watanabe, 2002). Para ser uma alternativa viável à farinha de peixe, um ingrediente candidato deve possuir certas caraterísticas, incluindo adequação nutricional, disponibilidade imediata, facilidade de manuseamento e armazenamento e ser acessível (Naylor *et al.*, 2009).

De acordo com Craig *et al.,* (2017), a proteína é o componente mais caro da alimentação dos peixes e é importante determinar com exatidão as necessidades proteicas para cada espécie e fase de vida cultivada. As proteínas são formadas por ligações de aminoácidos individuais. Embora existam mais de 200 aminoácidos na natureza, apenas cerca de 20 aminoácidos são comuns. Destes, 10 são aminoácidos essenciais (indispensáveis) que não podem ser sintetizados pelos peixes. Os 10 aminoácidos essenciais que devem ser fornecidos pela dieta são a metionina, a arginina, a treonina, o triptofano, a histidina, a isoleucina, a lisina, a leucina, a valina e a fenilalanina. Os alimentos para peixes preparados com proteínas vegetais (por exemplo, farinha de soja) são tipicamente pobres em metionina. Entretanto, as rações para peixes fabricadas com proteínas bacterianas ou de levedura são frequentemente deficientes tanto em metionina como em lisina. Por conseguinte, estes aminoácidos devem ser suplementados nas dietas quando estas fontes de proteínas são utilizadas para substituir a farinha de peixe. É importante conhecer e fornecer as necessidades dietéticas de proteínas e aminoácidos específicos de cada espécie de peixe para promover um crescimento e saúde óptimos. Os níveis de proteína nas rações para aquacultura são geralmente de 30 a 35 por cento para o camarão, 28-32 por cento para o peixe-gato, 35-40 por cento para a tilápia, 38-42 por cento para o robalo híbrido e 40-45 por cento para a truta e outros peixes marinhos. Em geral, as necessidades proteicas são tipicamente mais baixas para os peixes herbívoros (que comem plantas) e omnívoros (que comem plantas e animais) do que para os peixes carnívoros (que comem carne). As necessidades proteicas são mais elevadas para os peixes criados em sistemas de alta densidade (por exemplo, aquicultura em recirculação) do que para os criados em sistemas de baixa densidade (por exemplo, lagos). As necessidades proteicas são geralmente mais elevadas para os peixes mais pequenos e para os peixes em fase inicial de vida. medida que os peixes crescem, as suas necessidades proteicas diminuem normalmente. As necessidades de proteínas também variam consoante o ambiente de cultivo, a temperatura e a qualidade da água, bem como a composição genética e as taxas de alimentação dos peixes. As proteínas são utilizadas para o crescimento dos peixes se os níveis adequados de gorduras e hidratos de carbono (energia) estiverem presentes na dieta. Caso contrário, as proteínas, mais caras, podem ser utilizadas para a energia e o suporte de vida em vez de para o crescimento.

Panagiotis, (2005), no departamento de Agricultura, Produção Animal e Ambiente Aquático, Universidade de Tessália, investigou seis dietas feitas de materiais purificados e semi-purificados (Caseína, Gelatina, Glúten, Zeína, Dextrina e Celulose) que foram testadas durante um período de 80 dias em peixes-gato africanos adultos (150±47,40 g), *Clarias gariepinus*. Foram testados seis rácios de proteínas para lípidos, variando entre 12,85 mg de proteína $kJ^{-1}$ e 20,51 mg de proteína $kJ^{-1}$ . As dietas com melhor desempenho foram aquelas com um intervalo de energia bruta total de 22 a 24 $kJg^{-1}$ , uma relação P/E de 19,5-20,5 mg de proteína $kJ^{-1}$ , um nível de proteína bruta de 46%, um nível de lípidos brutos de 10-17%, e um nível de hidratos de carbono de 26-32%. Os níveis de hidratos de carbono (26-32%) das dietas com melhor desempenho durante estas experiências foram muito mais elevados do que os de investigadores anteriores (16-18%) para a mesma espécie e ainda mais elevados do que os (15-25%) utilizados para outros carnívoros (salmonídeos, robalo e dourada). Portanto, o peixe-gato africano possivelmente apresenta uma utilização mais eficiente dos hidratos de carbono da dieta. Foi também registado um aumento dos lípidos da carcaça como resultado do aumento da energia não proteica da dieta.

Foi efectuado um estudo para determinar o efeito de diferentes níveis de proteínas na dieta sobre o crescimento e a utilização de nutrientes de juvenis *de Clarias gariepinus. C. gariepinus* foi alimentado com um total de seis dietas experimentais com vários níveis de proteína 25, 30, 35, 40, 45 e 50% com peso inicial de 0,50-0,63g e comprimento 3,6-4,2cm em aquários de plástico durante 42 dias. O ganho de peso médio (1,10±0,23g), a percentagem de ganho de peso (183,33±29,79%) e a taxa de crescimento específico (2,34%dia-1) foram mais elevados para a dieta de 35% de proteína bruta (PC). A condição dos peixes foi de 1,18±0,15 (Dieta C) - 9,23±0,15 (Dieta E) e a sobrevivência variou de 39,72-67,78% para as dietas. O rácio de conversão alimentar melhorou com o aumento da proteína da dieta, 9,38 (dieta 25% CP)-2,13 (dieta 50% CP). Os valores do rácio de eficiência proteica (0,01-0,03) foram bastante semelhantes para as dietas com 30%-45% de PC, indicando uma baixa eficiência. O ambiente favorável ao cultivo favoreceu o crescimento e a sobrevivência dos peixes. Embora todas as dietas tenham aumentado o crescimento dos peixes, a dieta com 35% de PC, que resultou no melhor desempenho de crescimento, foi provavelmente adequada para satisfazer as necessidades proteicas da dieta dos alevins *de C. gariepinus* neste estudo (Keremah e Beregha, 2014). Avaliação comparativa, Desempenho de crescimento, alevins *de Clarias gariepinus*, alimentos comerciais para peixes, Nigéria.

A proteína da dieta é a única fonte de azoto para a construção de aminoácidos e proteínas nos peixes. A proteína corporal está sempre num equilíbrio dinâmico e os peixes de diferentes adaptações alimentares e idades constroem e reparam os tecidos a ritmos diferentes. Por conseguinte, as necessidades proteicas variam consideravelmente consoante a idade e a espécie. As proteínas são também utilizadas como fonte de energia para o metabolismo. Cada grama de proteína oxidada no interior do corpo do peixe produz cerca de 18,8 kJ de energia. A proteína necessária para a manutenção das proteínas do corpo é designada por necessidade mínima de proteínas ou necessidade de manutenção. A necessidade óptima de proteínas é a proporção de proteínas na dieta que produz o maior crescimento dos peixes por unidade de proteína consumida. Foram determinados níveis óptimos de proteínas para uma variedade de espécies de cultura e de alimentos. O nível ótimo de proteínas não é exato porque depende de vários factores, incluindo a disponibilidade de alimentos naturais alternativos, o nível trófico e a fase de vida dos peixes, o equilíbrio de aminoácidos das proteínas fornecidas, o conteúdo energético dos alimentos, o nível de alimentação e o grau de poupança de proteínas. Os peixes necessitam de um nível mais elevado de proteínas alimentares quando o alimento natural é deficiente. A necessidade de proteínas alimentares para peixes em diferentes níveis tróficos é geralmente a seguinte: peixes carnívoros > peixes omnívoros > peixes herbívoros. Além disso, são necessários níveis elevados de proteínas alimentares durante as fases de crescimento rápido da vida, pelo que as necessidades proteicas dos alevins e dos juvenis são mais elevadas do que as dos peixes adultos. As necessidades proteicas dos peixes dependem da composição e da proporção de aminoácidos. Os níveis de proteína da dieta podem ser reduzidos se a composição de aminoácidos for equilibrada (Somsueb, 2013).

### 2.4.2 Necessidade de energia

Os nutrientes da dieta são essenciais para a construção de tecidos vivos. São também uma fonte de energia armazenada para a digestão, absorção, crescimento, reprodução e outros processos vitais dos peixes. O valor nutricional de um ingrediente alimentar depende, em parte, da sua capacidade de fornecer energia. Os valores fisiológicos do combustível são utilizados para calcular e equilibrar os valores de energia disponível nas dietas preparadas. Normalmente, são em média 4, 4 e 9 calorias por grama para proteínas, hidratos de carbono e lípidos, respetivamente. Para criar uma dieta óptima, a proporção entre proteínas e energia deve ser determinada independentemente para cada espécie de peixe. O excesso de energia em relação ao conteúdo proteico da dieta pode resultar numa elevada deposição de lípidos. Uma vez que os peixes se alimentam para satisfazer as suas necessidades energéticas, as dietas com níveis excessivos de energia podem resultar numa diminuição do consumo de ração e num ganho de peso reduzido. Do mesmo modo, uma dieta com um teor energético inadequado pode resultar numa redução do ganho de peso, porque os peixes não podem comer alimentos suficientes para satisfazer as suas necessidades energéticas para o crescimento. Os alimentos preparados corretamente formulados têm uma relação energia/proteína bem equilibrada (Craig *et al.*, 2017).

A relação óptima entre cálcio e fósforo (Ca/P) para o crescimento do peixe-gato africano foi investigada durante um período de 70 dias com uma dieta basal formulada e suplementada com relações Ca/P de (0:0, 1:0.5, 1:1, 2:1.5, 3:1 e 3.5: 1.5) respetivamente. Os resultados mostraram que o ganho de peso médio e a taxa de crescimento específico aumentaram desde os peixes alimentados com a dieta de controlo até aos peixes alimentados com a dieta com uma relação Ca/P de 2:1,5, e depois diminuíram consistentemente até aos peixes alimentados com a dieta com uma relação Ca/P de 3,5:1,5. A adição de Ca e P nas dietas aumentou significativamente as cinzas da carcaça, enquanto que a alimentação dos peixes com a dieta de controlo, supostamente devido a um desequilíbrio na relação Ca/P, aumentou a gordura e a humidade da carcaça. O aumento das cinzas da carcaça resultou, consequentemente, num aumento ($P<0,05$) dos minerais da carcaça (Ca, Mg, P, Zn e Fe) em relação aos peixes alimentados com a dieta de controlo. Em conclusão, o estudo sugeriu a relação Ca/P de 2:1,5 (1,33:1) como a óptima para a produção de peixe-gato africano (Nwanna e Oni, 2018).

Foi realizada uma experiência de crescimento para determinar as necessidades proteicas óptimas da dieta de juvenis de cachama, *Piaractus brachypomus.* Seis dietas experimentais isoenergéticas semi-purificadas usando caseína e gelatina como fontes de proteína foram formuladas para conter níveis graduais de proteína (16, 20, 24, 28, 32 e 36%). Os peixes com uma média inicial de 15,52±0,33g (média±SD) foram distribuídos aleatoriamente nos tanques (500L) em grupos de 20 peixes e alimentados até à saciedade aparente duas vezes por dia durante 60 dias. Os resultados mostraram que o consumo de ração, a taxa de conversão alimentar, o ganho de peso dos peixes, a taxa de crescimento específico, a taxa de eficiência proteica e o valor produtivo da proteína foram afectados pelo nível de proteína da dieta ($P<0,05$). Não foram observadas diferenças significativas na composição proximal da carcaça ($P<0,05$) em resposta à proteína da dieta. A análise do nível de proteína da dieta x WG com uma regressão polinomial de segunda ordem sugeriu um requisito de 31,6% de PC para um crescimento ótimo (Vásquez-Torres *et. al.,* 2011)

## 2.5 Alimentos para peixes

Os alimentos preparados ou artificiais podem ser completos ou suplementares. As dietas completas fornecem todos os ingredientes (proteínas, hidratos de carbono, gorduras, vitaminas e minerais) necessários para o crescimento ótimo e a saúde dos peixes. A maioria dos piscicultores usa dietas completas, tipicamente constituídas pelos seguintes componentes e intervalos de percentagem: proteínas, 18-50 por cento; lípidos, 10-25 por cento; hidratos de carbono, 15-20 por cento; cinzas, <8,5 por cento; fósforo, <1,5 por cento; água, <10 por cento; e vestígios de vitaminas e minerais. O conteúdo nutricional dos alimentos depende da espécie de peixe que está a ser cultivada e da fase de vida em que se encontra. Quando os peixes são criados em sistemas de interior de alta densidade ou confinados em gaiolas e não podem alimentar-se livremente de comida natural (por exemplo, algas, plantas aquáticas, invertebrados aquáticos, etc.), devem receber uma dieta completa. Em contrapartida, os regimes alimentares suplementares (ou seja, incompletos ou parciais) destinam-se apenas a ajudar a apoiar a alimentação natural normalmente disponível para os peixes em lagos ou pistas de regatas ao ar livre. As dietas suplementares não contêm um complemento total de vitaminas ou minerais, mas são normalmente utilizadas para ajudar a fortificar a dieta naturalmente disponível com proteínas, hidratos de carbono e/ou lípidos adicionais (Craig *et al.*, 2017).

## 2.6 Tipos de alimentação

Os alimentos comerciais para peixes são fabricados sob a forma de alimentos extrudidos (flutuantes ou flutuantes) ou de alimentos granulados sob pressão (que se afundam). Tanto as rações que flutuam como as que se afundam podem produzir um crescimento satisfatório, mas algumas espécies de peixes preferem as que flutuam e outras as que se afundam. O camarão, por exemplo, não aceitará uma ração flutuante, mas a maior parte das espécies de peixes pode ser treinada para aceitar um granulado flutuante, como o peixe gato. As rações extrudidas são mais caras devido aos custos de fabrico mais elevados. Normalmente, é vantajoso alimentar com uma ração flutuante (extrudida) porque o piscicultor pode observar diretamente a intensidade de alimentação do seu peixe e ajustar as taxas de alimentação em conformidade. Determinar se as taxas de alimentação são demasiado baixas ou demasiado altas é importante para maximizar o crescimento dos peixes e a eficiência da utilização da ração. A ração está disponível numa variedade de tamanhos que vão desde as migalhas finas para os peixes pequenos até aos granulados grandes (1/2 polegada ou mais). O tamanho do granulado deve ser aproximadamente 20-30% do tamanho da abertura da boca do peixe. Alimentar os peixes com granulados demasiado pequenos resulta numa alimentação ineficiente porque é gasta mais energia para encontrar e comer mais granulados. Por outro lado, os grânulos demasiado grandes diminuem a alimentação e, em caso extremo, podem causar asfixia. Selecione a ração de maior tamanho que o peixe comerá ativamente. Os fabricantes de rações fornecem frequentemente um guia de tamanhos de ração para diferentes espécies e fases de vida. A aceitabilidade, a palatabilidade e a digestibilidade da ração variam consoante os ingredientes e a qualidade da ração. Os piscicultores prestam muita atenção à atividade alimentar para ajudar a determinar a aceitação da ração, calcular os rácios de conversão alimentar e a eficiência alimentar, monitorizar os custos da ração e acompanhar a procura de ração ao longo do ano (Craig *et al.*, 2017).

Limbu, (2015), comparou o efeito de dietas flutuantes e afundantes no desempenho de crescimento, eficiência de conversão alimentar, rendimento e custo efetivo do peixe-gato africano, *Clarias gariepinus*, criado em tanques de terra. O estudo avaliou alevins de 14,95 ± 0,24 g de peso médio inicial (± erro padrão) que foram criados em tanques de terra triplicados a uma densidade de 10 peixes m-2 durante oito semanas. Os resultados mostraram que a alimentação de *C. gariepinus* com dietas que flutuam ou que se afundam não afectou significativamente o crescimento e a taxa de sobrevivência ($p > 0,05$). De igual modo, *o C. gariepinus* alimentado com dietas que se afundam e com dietas que flutuam teve uma eficiência de conversão alimentar semelhante ($p = 0,426$). Os peixes de ambos os tratamentos tinham factores de condição semelhantes e cresciam isometricamente ($p > 0,05$). A criação de *C. gariepinus* em dietas flutuantes ou afundantes não afectou os rendimentos bruto, líquido e anual ($p > 0,05$). No entanto, *os C. gariepinus* alimentados com uma dieta flutuante tiveram um custo de incidência significativamente mais elevado, 33%, do que os alimentados com uma dieta que se afunda ($p = 0,001$). Além disso, o índice de lucro do *C. gariepinus* alimentado com a dieta flutuante foi significativamente mais baixo, 35% menos, do que o dos alimentados com a dieta afundante ($p = 0,001$). O estudo indicou que os criadores *de C. gariepinus* poderiam reduzir os custos de alimentação em mais de 30% utilizando a dieta flutuante sem afetar o desempenho do crescimento, a sobrevivência, a utilização de nutrientes, o fator de condição e o rendimento dos seus peixes.

### 2.6.1 Vitafeed

*Autaet al.*, (2013) no departamento de Ciências Biológicas, Universidade Ahmadu Bello, Zaria, compararam as respostas de crescimento de alevins de peixe-gato africano (*Clarias gariepinus*) alimentados com três rações locais (Chivita, Aquaplus e Vital) e três importadas (Skrettings, Multifeeds e Coppens), estudadas em condições laboratoriais, entre setembro e outubro de 2009, com o objetivo de estabelecer a ração de melhor qualidade em termos de taxa de crescimento específico, peso total e taxa de sobrevivência percentual, durante um período de 8 semanas. Cento e vinte (120) alevins de *Clarias gariepinus* e seis rações comerciais com proteínas brutas variáveis, nomeadamente, Chivita, Aquaplus, Vital, Skrettings, Multifeeds e Coppens, foram utilizados para a experiência. O tratamento mostra uma diferença significativa em termos de ganho de peso médio, taxas de crescimento específico e taxa de sobrevivência ($P<0,05$). Em termos de ganho de peso, Chivita deu o melhor crescimento de 53,21g, seguido de perto por Coppens 52,21g, enquanto Aquaplus teve o menor 12,67g. O SGR mostrou Coppens 0,89 com o melhor crescimento seguido por Chivita 0,87 enquanto Aquaplus deu o menor 0,31. Embora os peixes alimentados com Chivita e Coppens tenham apresentado o melhor crescimento em comparação com os outros tratamentos. Em termos económicos, o Vitafeed teve um bom desempenho, reflectindo que a alimentação local proporcionou igualmente um crescimento ótimo e benefícios em termos de custos.

### 2.6.2 Coppens

Os juvenis *de Clarias gariepinus* alimentados com uma ração local e com uma ração comercial Coppens foram observados durante 16 semanas no laboratório do Departamento de Zoologia, Universidade de Ilorin, Nigéria. Foram avaliadas as composições proximais e económicas das rações e a qualidade da água dos tanques de cultura. Os peixes alimentados com Coppens apresentaram um aumento de peso significativamente ($P<0,05$) mais elevado, uma taxa de crescimento específica, um rácio de eficiência proteica e um rácio de conversão alimentar baixo do que os peixes alimentados com ração local. Registou-se uma mortalidade significativamente mais elevada ($P<0,05$) nos peixes alimentados com a ração local. O desempenho do crescimento foi um reflexo da composição proximal das rações, tendo a ração local uma baixa proteína bruta (10,95%), lípidos (3,95%) e cinzas (4,92%) quando comparada com Coppens, que tinha 42% de proteína bruta, 12% de lípidos e 9,5% de cinzas, sendo a proteína a mais significativa. Os hidratos de carbono (69,90%) e a fibra bruta (2,88%) eram mais elevados na ração local do que na Coppens, com um desequilíbrio na proporção de hidratos de carbono e lípidos. A mortalidade foi atribuída ao stress resultante da má qualidade da ração. O custo de alimentação com ração local para um ganho de peso de 31,67g foi de ₦80, enquanto o custo de alimentação com Coppens para um ganho de peso de 148,58g foi de ₦16 (Mustapha *et al.*, 2014).

Oluyinka *et al., (2015)* investigaram se os peixes alimentados com quatro rações comerciais diferentes apresentam diferenças significativas na taxa de crescimento e na utilização de nutrientes. Um total de 120 amostras de peixes foram armazenadas para um ensaio de alimentação em triplicado (10 peixes para cada replicação) em 4 tanques separados com 4 rações diferentes: Euro, Melick, Coppens e Durante (T1), (T2), (T3) e (T4) respetivamente. Durante todo o ensaio, a qualidade da água e os parâmetros de crescimento foram determinados de acordo com métodos padrão e não foram encontradas diferenças significativas entre os parâmetros de qualidade da água determinados. O ganho de peso médio (MWG) e a taxa de crescimento específico do T3 foram significativamente mais elevados do que os dos outros tratamentos. As estatísticas mostraram que o rácio de eficiência proteica (PER) do T3 foi significativamente mais elevado do que o dos outros tratamentos. Contrariamente à tendência acima referida, o rácio de conversão alimentar

(FCR) do T2 foi significativamente mais elevado do que os outros tratamentos. De acordo com os resultados recolhidos, os peixes alimentados com ração Coppens apresentaram uma taxa de crescimento e utilização de nutrientes significativa.

### 2.6.3 Ecofloat

De acordo com Marimuthu *et al.,* (2011), em aquacultura, a taxa de alimentação é um fator importante que afecta o crescimento dos peixes, e assim determinar a taxa de alimentação ideal é importante para o sucesso de qualquer operação de aquacultura. Eles investigaram o efeito de diferentes taxas de alimentação no crescimento, sobrevivência, canibalismo e composição corporal de alevinos de bagre africano, *Clarias gariepinus* (peso inicial; 1,629±0,016g). Foi utilizada a ração comercial para peixe-gato, que consiste em 38% de proteínas, 5% de lípidos, 15% de cinzas e 12% de humidade. Foram avaliadas quatro taxas de alimentação (2%, 5%, 8% e 12%), em percentagem do peso corporal dos peixes, com três réplicas por tratamento. Os peixes foram alimentados duas vezes por dia, às 08:30 e às 17:30 horas. No início da experiência e a intervalos de 7 dias, todos os peixes de cada aquário foram recolhidos, contados, medidos individualmente (mm mais próximo) e pesados (mg mais próximo) durante quatro semanas. Após cada período de amostragem, a quantidade de ração dada foi ajustada de acordo com a biomassa em cada tanque. Os pesos finais foram significativamente maiores ($p<0,05$) do que os pesos iniciais em todas as taxas de alimentação. A 8% e 12% da taxa de alimentação, os alevins *de C. gariepinus* atingiram o crescimento máximo. O melhor rácio de conversão alimentar (1,00±0,086) foi observado a 8%, seguido de (1,250±0,010) a 12%. Significativamente a maior taxa de crescimento específico (6,590±0,100) foi obtida em 12% seguida de (6,047±0,291) em 8% de taxa de alimentação. A sobrevivência dos peixes não aumentou com o fornecimento de mais alimento. O canibalismo também não foi reduzido com o fornecimento de ração comercial. Os peixes alimentados com uma taxa de alimentação de 2% apresentaram o maior teor de cinzas, mas o menor teor de lípidos, enquanto que os peixes alimentados com uma taxa de alimentação de 12% apresentaram o maior teor de lípidos do que as outras taxas de alimentação. Com base no desempenho de crescimento, os dados de eficiência alimentar obtidos no estudo sugerem que a taxa óptima de alimentação de 8% entre/dia para alevins de peixe-gato africano.

### 2.6.4 Aqualis

*Ukweet al.,* (2018) investigaram os efeitos de dietas formuladas e comerciais como rações iniciais no desempenho de larvas *de Clarias gariepinus* no incubatório. Duzentas larvas foram distribuídas aleatoriamente em tanques experimentais e foram alimentadas com uma dieta comercial, Aqualis e ração formulada especial (ração para aves + farinha de peixe + vitamina C + pré-mistura) por 21 dias. Os resultados obtidos revelaram que não houve diferença significativa (P>0,05) nos parâmetros físico-químicos em todos os tratamentos. Os peixes alimentados com ração especial apresentaram maior comprimento total de larvas (8,96 ± 7,11 mm), do que as larvas alimentadas com Aqualis. Verificou-se uma redução constante da flora microbiana à medida que os peixes b. Os resultados semanais mostraram que os factores de condição eram inferiores a um, em todos os tratamentos, no final da terceira semana.

### 2.6.5 Outros alimentos para animais

Quatro dietas isocarloricas e isonitrogénicas foram formuladas para conter 0%, 33.3%, 66.7% e 100% de folhas de mandioca para substituir igual peso de farinha de milho. Todas as dietas dos quatro tratamentos foram dadas a alevins de peixe-gato (*Clarias gariepinus*) em réplicas durante 16 semanas. A melhor resposta de crescimento foi obtida nos peixes alimentados com 66,7% de inclusão de folhas de mandioca. Os peixes alimentados com 100% de folhas de mandioca tiveram a menor resposta de crescimento. Todas as dietas de tratamento mostraram que o crescimento devido ao aumento das folhas de mandioca na dieta foi significativo (P<0,05). Os resultados revelaram que a exigência óptima do nível de folhas de mandioca na formulação de dietas práticas para melhorar o crescimento de *Clarias gariepinus* foi de 66,7% de folhas de mandioca (Bichi e Ahmad, 2010).

A experiência foi conduzida para investigar os efeitos de diferentes rações importadas para peixes no desempenho de juvenis de peixe-gato africano (*Clarias gariepinus*). Um ensaio de alimentação de 13 semanas foi conduzido usando 225 juvenis que foram distribuídos aleatoriamente em cinco grupos de tratamento em 15 tanques de plástico interiores com uma taxa de povoamento de 15 peixes por tanque e três (3) réplicas por tratamento. Os peixes foram alimentados com 5% do seu peso corporal, duas vezes por dia. Os cinco tratamentos foram Coppens (T1), Aqua (T2), Ranna (T3), Pira (T4) e Durante (T5). Os dados de cada parâmetro foram submetidos a uma análise de variância (ANOVA) de uma via, enquanto as médias dos vários resultados foram comparadas a um nível de significância de 5%. Houve diferenças significativas ($P<0,05$) no ganho de peso entre os tratamentos, com 54,07g e 21,73g para os peixes alimentados com Aqua e Rana, respetivamente. Também houve diferenças significativas na taxa de crescimento específico (SGR), bem como no rácio de eficiência proteica (PER) entre as marcas de ração, com Aqua e Rana com 2,79 e 1,97, bem como 1,49 e 1,12, respetivamente. Em todos os tratamentos, houve diferenças significativas ($P<0,05$) nas taxas de sobrevivência dos peixes, com a maior percentagem nos peixes alimentados com Coppens (93,33%). Um quilograma de ração Aqua e Pira custou 1,75 dólares cada, enquanto que os custos estimados para alimentar um peixe individual para um ganho de peso de 1 kg usando as mesmas rações foram de 2,78 dólares e 3,73 dólares, respetivamente. Embora, a partir deste ensaio de alimentação, é caro criar um quilograma de peixe usando a ração Pira, mas devido à alta taxa de sobrevivência, é recomendado para a produção de peixe gato. Presume-se que a biomassa colhida compensará os custos incorridos (*Tundeet al.,* 2016),

De acordo com Musiba *et al.,* (2014) a pesca é um importante subsector de produção de alimentos, fornecendo quase 20% do fornecimento de proteínas do mundo; no entanto, a tendência na produção de peixe a partir da pesca de captura atingiu os seus limites devido à sobrepesca. Foi efectuado um estudo para avaliar o desempenho de duas rações formuladas localmente como possíveis substitutos de uma ração comercial importada e dispendiosa (CMF) normalmente utilizada na criação de peixe-gato africano (*Clarias gariepinus,* Burchell) na Tanzânia. Dois tipos de ração, nomeadamente TAF 1 e TAF 2, denotando ração TAFIRI tipo 1 e 2 foram formuladas a partir de farinha de peixe (*Rastrineobola argentea*) e soja (*Glycine max* L.), respetivamente. Nove tanques de betão de 12 $m^3$ cada um foram povoados com 320 alevins de peixe gato cada um, e alimentados com rações formuladas a 5% do seu peso corporal médio durante quatro meses. A água dos tanques foi totalmente lavada numa base semanal e os peixes foram selecionados para os de crescimento rápido para reduzir o canibalismo. Numa base mensal, os peixes foram amostrados aleatoriamente para medir o comprimento e o peso do corpo. Os valores médios de temperatura, oxigénio dissolvido e pH variaram entre 21,62±0,04 e 25,16±0,05° C, 5,43±0,05 e 5,7±0,07 mg O2 L-1, e 6,5±0,05 e 6,61±0,03, respetivamente. A ração TAF 1 foi a que apresentou melhor desempenho, com ganho de peso de 33,72±0,89, ganho médio diário de 0,28±0,01, FCR de 1,35±0,05 e taxa de crescimento específico de 4,61±0,04. Os peixes alimentados com a ração comercial tiveram o pior desempenho, com ganho de peso de 6,17±4,8, ganho médio diário de 0,05±0,004, FCR de 1,56±0,11 e taxa de crescimento específico de 2,98±0,05. Os resultados deste estudo sugerem que as rações formuladas localmente podem ser usadas de forma económica para a criação de peixe-gato africano na Tanzânia.

Tiamiyu (2018) relatou que muitas plantas medicinais, incluindo *Talinum triangulare* (folha de água), mostraram resultados promissores quando incluídas na ração de aquicultura como aditivo alimentar. São necessários mais estudos para investigar o potencial dessas plantas medicinais na melhoria do desempenho do crescimento na aquicultura. No presente estudo, um total de quatro dietas foram formuladas para incluir o pó *de T. triangulare* (T.t) como aditivo alimentar a níveis de 0,0% (T.t), 0,5% (T.t),

1,0% (T.t) e 3,0% (T.t). A farinha de peixe (65%) foi utilizada como única fonte de proteína em todas as dietas experimentais. Todas as rações eram isonitrogénicas (35% de proteínas), isolipídicas (11,73% de lípidos) e isoenergéticas (467,77 Kcal/100 g de ração). Cada tratamento foi repetido três vezes e a ração foi dada aos peixes experimentais a 5% do peso corporal duas vezes por dia durante 70 dias. Todas as dietas experimentais não tiveram efeitos significativos (P > 0,05) no crescimento dos alevins de peixe-gato africano. O peso final médio dos alevins (g) foi de 1.91±0.127, 2.14±0.084, 2.38±0.096 e 1.86±0.439 para os peixes alimentados com 0.0% (T.t), 0.5% (T.t), 1.0% (T.t) e 3.0% (T.t), respetivamente. As taxas de crescimento específico e relativo dos peixes em todos os tratamentos também não foram significativas (P > 0,05). O melhor desempenho de crescimento foi observado nos peixes alimentados com 1,0% (T.t), seguido de perto pela ração de 0,5% (T.t), depois pela dieta de 3,0% (T.t) e menos nos peixes alimentados com a dieta de 0,0% (T.t). A percentagem de sobrevivência dos peixes alimentados com 0,5% (T.t) > 1,0% (T.t) > 3,0% (T.t) > 0,0% (T.t) foi considerada boa durante todo o período experimental, o que pode ser atribuído a uma boa gestão da qualidade da água e, mais ainda, à adequação da inclusão de *T. triangulare* na dieta de *Clarias gariepinus*. A inclusão de folhas de aguapé na dieta de peixes a uma concentração de 0,5-3,0% é, portanto, benéfica para uso em aquacultura para aumentar a promoção do crescimento. No entanto, recomenda-se mais investigação para investigar a toxicidade desta planta em diferentes níveis de inclusão de 0,5% a 3,0% na cultura de *Clarias gariepinus* para determinar o melhor nível de inclusão.

Uma experiência foi conduzida para estudar o efeito de diferentes rações no crescimento, sobrevivência e produção do peixe gato africano (C. *gariepinus*) em seis tanques cimentados (3m2 cada) durante um período de 120 dias. Três rações diferentes, nomeadamente a ração A (ração para peixes Saudi-Bangla, 33,43% de proteína), a ração B (ração formulada, 40,12% de proteína) e a ração C (intestino cru de galinha, 59,58% de proteína) foram aplicadas nos tratamentos I, II e III respetivamente. Cada um dos tanques foi povoado com 24 alevins com um peso corporal inicial médio de 2,56 ±0,06 g. As rações foram fornecidas aos peixes *ad- libitum* diariamente em duas fracções. Obteve-se um ganho de peso significativamente mais elevado no tratamento III, mas a taxa de sobrevivência foi baixa em comparação com os outros tratamentos. Os valores do rácio de conversão alimentar (FCR) variaram entre 2,52 e 6,4. A taxa de sobrevivência dos peixes variou entre 83 e 96%. O tratamento II produziu a maior produção (5000 kg/ha/120 dias) com a maior taxa de sobrevivência dos peixes. Com base na taxa de sobrevivência e na produção, sugere-se que a ração formulada (Ração B) é adequada para a cultura de *C. gariepinus* em tanques cimentados (Nahar, 2000).

O desempenho de três tipos de alimentação: rotíferos de água doce com *náuplios de Artemia*, rotíferos de água doce com farinha de peixe, e rotíferos de água doce com farelo de milho, no desempenho de crescimento de alevins de peixe gato africano, que foi feito numa incubadora e foram criados em 9 tanques de vidro por um período de 21 dias. A correlação de Pearson não mostrou nenhuma relação ($r$ = 0.1; $P$ >0.05) entre o crescimento e os parâmetros de qualidade de água, mas indicou uma forte relação entre a taxa de sobrevivência e o comprimento total entre os tratamentos ($r$ = 0.85; $P$ = 0.02). O comprimento total médio (CT) após 21 dias foi de (A = 15,003), (B = 12,964) e (C = 11,90) em mm para os tratamentos A, B e C, respetivamente. O tratamento A teve a maior taxa de crescimento específico (SGR) de 6,475% dia 1, seguido por B (5,5320% *dia-1*) e C (4,960% *dia-1*). Os resultados do estudo demonstraram que, após os 7 dias de alimentação com rotíferos, o Artemial é o melhor alimento para aumentar o crescimento de *Clarias gariepinus* (Musa *et al.*, 2012).

Este estudo foi realizado com o objetivo de avaliar a adequação da semente embebida *de Bauhinia monandra* (Kutz) como fonte alternativa de proteínas para *Clarias gariepinus* e determinar o custo da ração composta. A análise proximal da dieta e a composição da carcaça dos peixes (proteína bruta, fibra bruta, cinzas, teor de humidade e lípidos) foram determinadas utilizando a

AOAC (1980). Os dados de cada parâmetro foram submetidos a uma análise de variância (ANOVA), enquanto as médias e os vários resultados foram comparados a um nível de significância de 5%. Foi efectuado um estudo preliminar para determinar o melhor método de processamento que reduzisse os anti-nutrientes ao nível mínimo sem prejudicar a composição dos nutrientes. Cozido. Foram utilizadas sementes tostadas e demolhadas. As sementes *de Bauhinia* demolhadas durante 96 horas tinham a menor concentração de anti-nutrientes. As dietas experimentais foram formuladas para conter farinha de sementes de bauhinia embebidas (SBSM) a níveis de 25%, 50% e 75% de inclusão (Dietas 2,3 e 4 respetivamente) com duas dietas a atuar como controlo (Dietas 1 e 5). Todas as dietas eram isonitrogénicas (40% de proteína bruta) e isocalóricas (3212 kcalJkg). Foi efectuado um ensaio de alimentação de 12 semanas com juvenis que foram distribuídos aleatoriamente em 24 tanques improvisados de plástico (52cm X 34 cm X 33,5cm), sem circulação e com semi-fluxo, com uma taxa de amostragem de I peixes por tanque e três (3) réplicas por tratamento. O desenho experimental foi completamente aleatório. Os peixes foram alimentados com 5% do peso corporal, duas vezes por dia. As dietas com níveis mais elevados de inclusão de SBSM (dietas 3 e 4) deprimiram significativamente o desempenho de crescimento dos peixes. As variações observadas no SGR, FER, FAR e PER foram associadas aos anti-nutrientes presentes nas dietas. Estes parâmetros diminuíram com o aumento dos níveis de SBSM nas dietas dos peixes. Com base no custo relativo das dietas por unidade de ganho de peso e ganho de proteína, a dieta 2 (25% SBSM) foi a mais económica. Os resultados sugerem que o SBSM pode ser usado para substituir até 25% dos níveis de proteína da dieta em juvenis de C. *gariepinus* sem redução significativa no crescimento (Baloguo *et al.,* 2014).

## 2.7 Taxa de alimentação, frequência e tempo

As taxas e frequências de alimentação são, em parte, função do tamanho do peixe. As larvas e os juvenis de peixes pequenos precisam de ser alimentados com uma dieta rica em proteínas frequentemente e, geralmente, em excesso. Os peixes pequenos têm uma grande necessidade de energia e devem comer quase continuamente e ser alimentados quase de hora a hora. A alimentação excessiva de peixes pequenos não é um problema tão grande como a alimentação excessiva de peixes maiores, porque os peixes pequenos requerem apenas uma pequena quantidade de comida em relação ao volume de água no sistema de cultura. medida que os peixes crescem, as taxas de alimentação, as frequências e o conteúdo de proteínas da ração devem ser reduzidos. No entanto, em vez de mudar para uma dieta com menos proteínas, alimentar menos pode permitir que o produtor use a mesma ração (nível de proteína) durante todo o período de crescimento, simplificando assim o inventário e o armazenamento da ração. A alimentação dos peixes é trabalhosa e dispendiosa. A frequência da alimentação depende da disponibilidade de mão de obra, do tamanho da exploração, do sistema de produção e das espécies e tamanhos de peixes cultivados. As grandes pisciculturas de peixe-gato com muitos tanques geralmente alimentam apenas uma vez por dia devido a limitações de tempo e mão de obra, enquanto as pequenas pisciculturas podem alimentar duas vezes por dia. Geralmente, o crescimento e a conversão alimentar aumentam com a frequência da alimentação. Nos sistemas de piscicultura intensiva em recintos fechados, os peixes podem ser alimentados até cinco vezes por dia, a fim de maximizar o crescimento a temperaturas óptimas. Muitos factores afectam as taxas de alimentação dos peixes. Estes incluem a fase de vida, a hora do dia, a estação do ano, a temperatura da água, os níveis de oxigénio dissolvido e outras variáveis de qualidade da água. Por exemplo, não é aconselhável alimentar os peixes cultivados em tanques de manhã cedo, quando os níveis de oxigénio dissolvido são mais baixos. Em contraste, nos sistemas de aquacultura em recirculação, onde o oxigénio é fornecido continuamente, os peixes podem ser alimentados praticamente a qualquer hora. Durante o inverno e a baixas temperaturas da água, as taxas de alimentação de peixes de água quente em tanques diminuem e devem diminuir proporcionalmente (Craig *et al.,* 2017).

# CAPÍTULO TRÊS: MATERIAIS E MÉTODOS

## 3.1 Local da experiência

A investigação foi efectuada numa área designada e segura para evitar a presença humana no bloco da Faculdade de Ciências, Universidade de Uyo, Uyo, Estado de Akwa Ibom, Nigéria.

## 3.2 Colheita de peixes

Cento e oitenta (180) alevins de peixe-gato africano (*Clarias gariepinus*) de sexo misto, com peso médio de 2,49±0,24g, comprimento total médio de 7,01±0,30cm e comprimento padrão médio de 6,16±0,24 foram obtidos da Vision Park Farms Nigeria Limited, Uyo, AkwaIbom State.

## 3.3 Procedimento experimental

Os peixes foram aclimatados durante 14 dias em nove tanques experimentais de lona com dimensões (40x40x50) cm3. Um controlo e duas réplicas por tratamento foram organizados e rotulados TC, T1, T2, T3 e T4 e receberam rações experimentais incluindo Coppens, Aqualis, Ecofloat, BlueCrown e Vitafeeds respetivamente. Foram submetidos a um período de fome de 24 horas, a fim de esvaziar o estômago e de os preparar para o ensaio. Foram alimentados com 10% do seu peso corporal durante os 70 dias, duas vezes por dia (8.00-9.00am) e (5.00-6.00pm). Os peixes foram pesados aleatoriamente e distribuídos nos tanques com uma densidade de vinte (20) peixes por tanque. Posteriormente, as medições do peso corporal, do comprimento total e do comprimento padrão foram efectuadas de dois em dois meses e as rações fornecidas foram ajustadas de acordo com o ganho de peso dos peixes. As quatro rações e os níveis de proteína bruta foram Aqualis (T1), Ecofloat (T2), Bluecrown (T3) e Vitafeed (T4) de 45%, 38%, 42%, e 42% respetivamente. A ração importada, Coppens, foi utilizada como controlo (TC) com uma percentagem de proteína bruta de 56%. Foi determinada a análise proximal de cada alimento. Para efeitos de medição dos parâmetros de crescimento, todos os peixes foram medidos quanto ao comprimento total, comprimento padrão e peso corporal. Os comprimentos foram medidos em $cm^3$ utilizando uma tábua de medição; enquanto o peso foi medido utilizando uma balança com capacidade para 5 kg (Modelo Ashton Meyers). Depois de cada amostragem, a sobrevivência (%), a taxa de crescimento específico (SGR), o rácio de conversão alimentar (FCR) e a taxa de crescimento (GR) dos peixes foram calculados utilizando a fórmula dada por Aderolu *et al.*, (2010). Os peixes mortos em cada tanque foram registados bimestralmente. Os parâmetros de qualidade da água foram medidos durante cada amostragem. A temperatura foi medida com um termómetro de mercúrio em vidro, o pH foi medido com um medidor de pH e o oxigénio dissolvido com um medidor de OD. A água foi mudada bimestralmente, removendo assim os detritos no fundo dos tanques.

### 3.4 Composição dos alimentos para peixes

Quadro 1: Análise proximal das dietas

| | | Nutrientes | | | | | | |
|---|---|---|---|---|---|---|---|---|
| Tipos de alimentação | Proteína bruta (%) | Gordura (%) | Cinzas (%) | Humidade (%) | Fibra bruta (%) | Cálcio (%) | Fósforo (%) | Sódio (%) |
| Coppens (Tnk C) | 56.00 | 15.00 | 12.00 | - | 2.3 | 3.3 | 1.99 | 0.9 |
| Aqualis (Tnk 1) | 45.00 | 12.00 | - | 4.50 | 4.00 | 2.00 | 1.10 | 0.30 |
| Ecofloat (Tnk 2) | 35.00 | 8.00 | 9.00 | 8.00 | 5.00 | 2.00 | 0.8 | 0.3 |
| Coroa azul (Tnk 3) | 42.00 | 12.00 | 8.00 | 8.00 | 3.50 | 2.00 | 1.10 | 1.30 |
| Vitafeed (Tnk 4) | 42.00 | 12.00 | 10.00 | 8.00 | 5.00 | 1.80 | - | - |

Os pormenores no quadro acima são informações do fabricante que foram destacadas nos sacos de ração.

### 3.5 Recolha de alimentos para peixes

Os alimentos para peixes foram comprados na loja de um distribuidor, Spring Farm Enterprise, No. 4, Ukana Offot Street, Uyo, Akwa Ibom State, durante todo o período da experiência para garantir a consistência no fornecimento e armazenamento

### 3.6 Medidas de comprimento e peso

Durante as amostragens, os peixes foram recolhidos em estado fresco para a medição do comprimento (total e padrão) e do peso. O comprimento total de cada peixe foi medido desde a ponta do focinho até à ponta estendida da barbatana caudal, com uma aproximação de 0,1 cm, e o comprimento padrão de cada peixe foi medido desde a ponta do focinho até à base do pedúnculo caudal, com uma aproximação de 0,1 cm, utilizando uma tábua de medição. O peso corporal foi medido, com uma aproximação de 0,01 g, numa balança de 5 kg (modelo Ashton Meyers).

### 3.7 Análise de dados

O desempenho em termos de crescimento e os parâmetros de utilização de nutrientes foram avaliados utilizando fórmulas normalizadas por Dabrowski (1986); Jauncey (2008); Jamabo e Alfred-Ockya, (2008); Pangni, Atse e Kouassi (2008), como indicado abaixo:

i) Ganho de peso médio (MWG) (g): É calculado subtraindo o peso inicial do peso final.

   MWG = Peso final (g) - Peso inicial (g)

ii) Rácio de conversão alimentar (FCR): Este rácio é obtido dividindo a quantidade de alimentos consumidos pelo peso ganho.

   $$FCR = \frac{\text{Qtd. de alimento consumido (g)}}{\text{Peso ganho (g)}}$$

iii) Taxa de crescimento diário (DGR): É calculada pela diferença entre o peso final e o inicial; peso dividido pelos dias de cultura

$$DGR = \frac{\text{Peso final (g) - Peso inicial (g)}}{\text{Dias de cultura}}$$

iv) Taxa de crescimento específico (SGR): Esta é a relação entre a diferença de peso dos peixes durante o período experimental.

$$SGR = \frac{\text{Peso final do In - Peso inicial do In}}{\text{Tempo (dias)}} \times \frac{100}{1}$$

v) Fator de condição (K): Este fator é calculado multiplicando o peso corporal médio semanal de cada tratamento por 100 e dividindo pelo comprimento semanal elevado à potência

$$K = \frac{Wt \times 100}{L^3}$$

Onde; K= Fator de condição

Wt= Peso corporal final

L= Comprimento total

vi) Índice proteico (IP): Este índice é calculado subtraindo o número de sobreviventes após a experiência do número de animais armazenados, dividido pelos dias de cultura.

$$PI = \frac{\text{Sobrevivência } (W_1 - W_2)\text{ (g)}}{\text{Tempo (dias)}}$$

vii) Taxa de crescimento relativo (RGR): É calculada pela divisão do peso médio ganho pelo peso médio final.

$$RGR = \frac{\text{MWG (g)}}{\text{Média Peso final}}$$

A técnica de Análise de Variância (ANOVA) também foi utilizada na análise dos dados, e as médias foram comparadas pelo Teste LSD de Fisher de acordo com Scedecor e Cochran (1989).

### 3.8. Determinação dos parâmetros físico-químicos da água

A monitorização da qualidade da água foi efectuada antes do início da experiência, durante a experiência (bimestralmente) e no final da experiência. Os parâmetros de qualidade da água determinados incluem o pH, a temperatura e o oxigénio dissolvido (OD).

#### 3.8.1 pH

O pH da água do tanque foi medido com um medidor eletrónico de pH (Oakton waterproof instrument phlestr 10). O medidor de pH foi padronizado com o tampão. O medidor foi ligado e a sonda introduzida na água a medir. A sonda foi introduzida na água a medir, agitando-a lentamente até a leitura ficar estável, após o que foi registada. A média das leituras foi calculada.

#### 3.8.2 Temperatura

A temperatura da água do tanque foi medida utilizando um termómetro de mercúrio em vidro, que foi colocado dentro da água do tanque de betão até a leitura ficar estável, após o que as leituras foram registadas e a média foi calculada.

#### 3.8.3 Oxigénio dissolvido

O oxigénio dissolvido da água do tanque foi medido utilizando um medidor de oxigénio dissolvido (modelo Harman DO metre). O medidor foi introduzido na água e, após estabilização, as leituras foram registadas. A média também foi calculada.

# CAPÍTULO QUATRO: RESULTADOS

## 4.1 Efeito de diferentes taxas de alimentação no desempenho do crescimento e na sobrevivência de juvenis *de Clarias gariepinus*

Os resultados sobre o desempenho do crescimento e utilização de nutrientes em alevinos *de Clarias gariepinus* alimentados com quatro diferentes rações comerciais para peixes com diferentes níveis de proteína bruta mostraram um ganho de peso máximo de 50,80g com Coppens (TC), seguido por 35,35g com Bluecrown (T3) que não mostrou diferença significativa com vitafeed, T4 35,30g ($P<0,05$) e Aqualis, T1 de 27,85g. O Ecofloat T2 teve o menor peso ganho de 27,55g como mostra a Tabela 2.

## 4.2 Peso inicial, comprimento total e comprimento padrão

O peso inicial, o comprimento total e o comprimento padrão para Coppens, Aqualis, Ecofloat, Bluecrown e Vitafeed foram de 2,30g, 2,55g, 2,60g, 2,75 e 2,20g, 19,14cm, 15,45cm, respetivamente, e os comprimentos total e padrão iniciais foram de 6,95cm, 6,56cm, 7,11cm, 7,41 e 7,06 e 6,12cm, 5,77cm, 6,27cm, 6,14 e 6,25cm, respetivamente, como mostra a Fig. 1.

## 4.3 Peso final, comprimento total e comprimento padrão

Os peixes alimentados com Coppens tiveram o maior peso final, comprimento total e comprimento padrão de 53,1g, 19,14cm e 17,09cm respetivamente. Bluecrown teve peso final, comprimento total e comprimento padrão de 38,1g, 18,37cm e 14,43cm respetivamente, seguido por Vitafeed, e Aqualis sequencialmente. O Ecofloat teve o menor peso final, comprimento total e comprimento padrão de 30,15g, 14,72cm e 13,33cm, respetivamente. Os detalhes são mostrados na Fig. 2.

**Tabela 2. Efeito de diferentes taxas de alimentação no desempenho do crescimento e na sobrevivência de juvenis *de Clarias gariepinus.***

| **Parâmetros de crescimento** | Controlo Tanque C (Coppens) | Tanque 1 (Aqualis) | Tanque 2 (Ecofloat) | Tanque 3 (Bluecrow n) | Tanque4 (Vitafeed) |
|---|---|---|---|---|---|
| Peso médio inicial (g) | 2.30±0.92 | 2.55±0.03 | 2.60±0.0 | 2.75±0.07 | 2.20±0.28 |
| Peso médio final (g) | 53.10±1.37 | 30.40±4.9 4 | 30.15±6.85 | 38.10±0.5 6 | 37.50±18.4 5 |
| Ganho de peso médio (g) | 50.80±0.0 | 27.85±5.0 8 | 27.55±6.85 | 35.35±1.3 4 | 35.30±18.1 7 |
| Comprimento total inicial médio (cm) | 6.95±0.78 | 6.56±0.13 | 7.11±0.07 | 7.41±0.41 | 7.06±0.02 |
| Comprimento padrão inicial médio (cm) | 6.12±0.78 | 5.77±0.04 | 6.27±0.05 | 6.41±0.34 | 6.25±0.02 |
| Comprimento Total Final Médio (cm) | 19.14±1.69 | 15.45±1.5 5 | 14.72±2.48 | 18.37±0.0 7 | 16.43±3.25 |
| Comprimento médio final padrão (cm) | 17.09±1.69 | 13.68±1.5 5 | 13.33±2.48 | 14.43±0.0 7 | 13.65±3.25 |
| Taxa média de crescimento diário (g) | 0.72±0.007 | 0.396±0.0 7 | 0.39±0.09 | 0.51±0.00 9 | 0.50±0.25 |
| Taxa média de crescimento (TMG) | 0.96±0.004 | 0.92±0.01 | 0.92±0.11 | 0.92±0.00 2 | 0.93±0.03 |
| Taxa de crescimento específico (%/dia) (SGR) | 5.65±0.005 | 4.82±0.24 | 4.79±0.23 | 5.16±0.02 | 5.06±0.75 |
| Rácio de conversão alimentar (FCR) | 22.03±0.00 7 | 42.60±8.0 9 | 44.30±10.06 | 38.90±5.4 1 | 32.26±12.0 9 |
| Fator de condição (K) | 0.76±0.007 | 0.83±0.11 | 0.99±0.24 | 0.80±0.05 | 0.82±0.07 |
| Inicial Número de peixes | 20 | 20 | 20 | 20 | 20 |
| Final Número de peixes | 20 | 15 | 6 | 15 | 17 |
| Sobrevivência (%) | 100 | 75 | 30 | 75 | 85 |

Legenda: % = (Percentagem), g = (Grama)

## 4.4 Número de sobrevivências/taxas de sobrevivência (%)

Os números iniciais de peixes armazenados e a taxa de sobrevivência são mostrados na Fig. 1. Após 70 dias de experiências, o controlo teve uma taxa de sobrevivência de 100% (20 peixes). Vitafeed teve uma taxa de sobrevivência de 85% (17 peixes) seguido por Bluecrown e Aqualis que tiveram um equivalente de 75% cada (15 peixes cada). O Ecofloat teve a taxa de sobrevivência mais baixa, de 30% (6 peixes), devido ao baixo teor de proteína bruta de 35%.

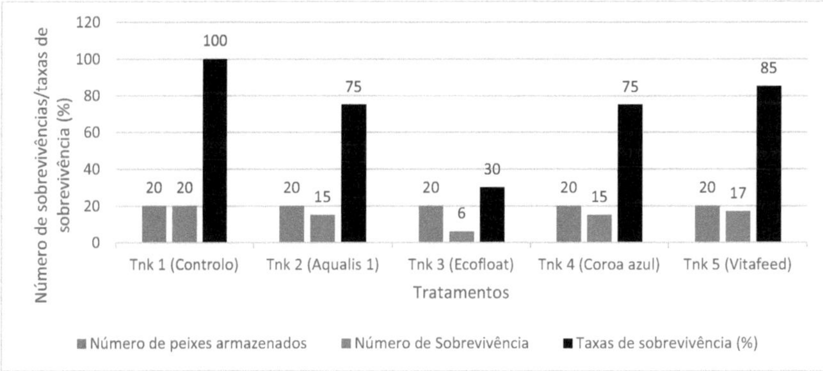


**Figura 1: Estoque inicial e taxa de sobrevivência de *Clarias gariepinus* alimentadas com quatro diferentes rações comerciais para peixes.**

### 4.5 Peso ganho (g)

A taxa de crescimento bimestral dos peixes é mostrada na Fig. 2. O controlo (Coppens) teve a taxa de crescimento mais elevada. O Bluecrown ganhou mais peso do que o Vitafeed na semana $10^{th}$ , com uma diferença de 0,55g, embora nas semanas $4^{th}$ e $6^{th}$ tenha acontecido o contrário. O Ecofloat registou o peso mais baixo.

### 4.6 Taxa de crescimento diário e taxa de crescimento específico

A figura 3 mostra a taxa de crescimento diário e específico. As taxas de crescimento diário e específico foram melhor observadas em Coppens (0,72g/dia) e (5,62g/dia), respetivamente, como controlo. Segue-se o Bluecrown (0,51g/dia) com uma diferença insignificante de 0,01 em relação ao Vitafeed (0,50g/dia) para a taxa de crescimento diário e 5,16g/dia e 5,06g/dia para a taxa de crescimento específico, respetivamente. Aqualis teve um equivalente com Ecofloat de 0,39g/dia e 4,82g/dia e 4,79g/dia para a taxa de crescimento diário e taxa de crescimento específico, respetivamente.

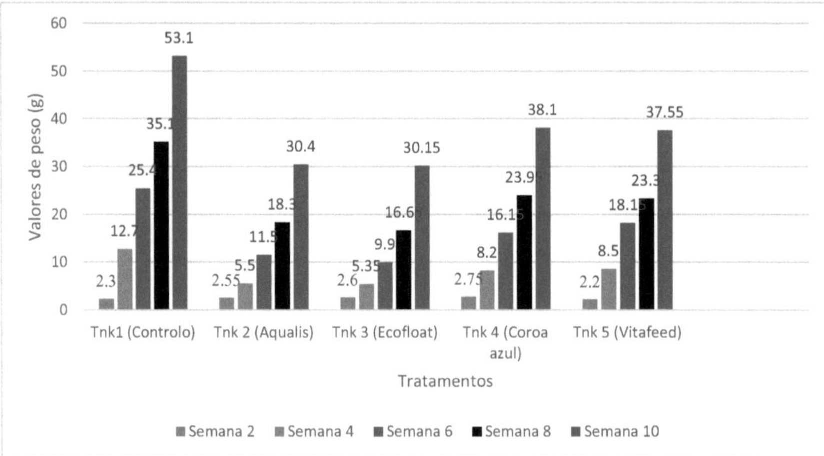


**Figura 2: Taxa de crescimento bimestral de *Clarias gariepinus* alimentada com quatro diferentes rações comerciais para peixes.**

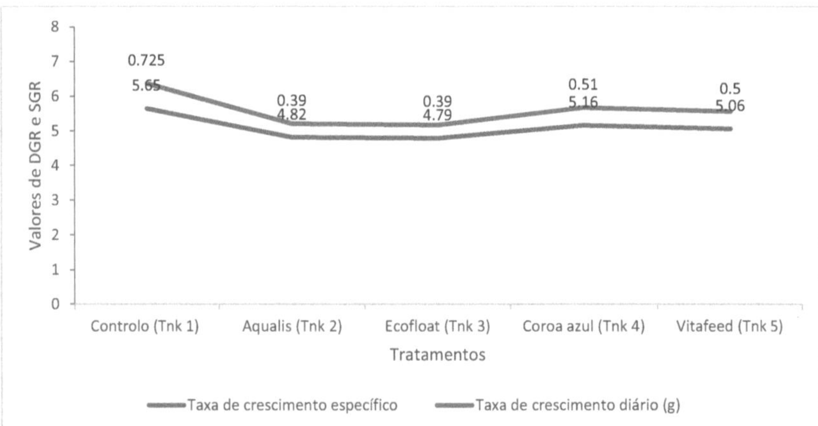


**Figura 3: Variação da taxa de crescimento diário e da taxa de crescimento específico de *Clarias gariepinus* alimentadas com quatro diferentes rações comerciais para peixes.**

## 4.6 Razão de conversão alimentar

O rácio de conversão alimentar foi máximo no Ecofloat. O Aqualis teve um rácio de conversão alimentar de 42,6, seguido do Bluecrown e do Vitafeeds, respetivamente. Coppens, sendo o controlo, teve o rácio de conversão alimentar mais baixo, como se pode ver na Fig. 4.

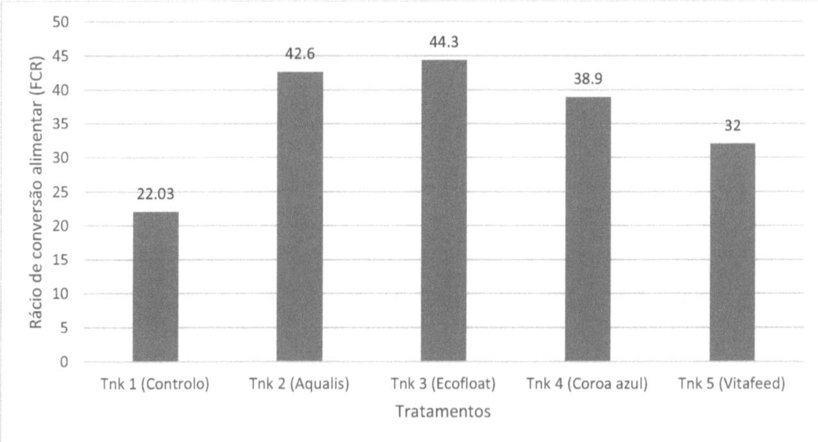


**Figura 4: Variação do rácio de conversão alimentar de *Clarias gariepinus* alimentadas com quatro rações comerciais diferentes.**

## 4.7 Factor de condição (K)

O valor do fator de condição (K) foi de 0,98 nos peixes alimentados com Ecofloat. Aqualis não teve diferença significativa ($P>0.05$) comVitafeed de 0.83 e 0.82 respetivamente. Os resultados obtidos neste estudo revelaram que os peixes alimentados com a ração Coppens produziram o melhor crescimento em termos de comprimento, peso e fator de condição, como se mostra na Fig. 5.

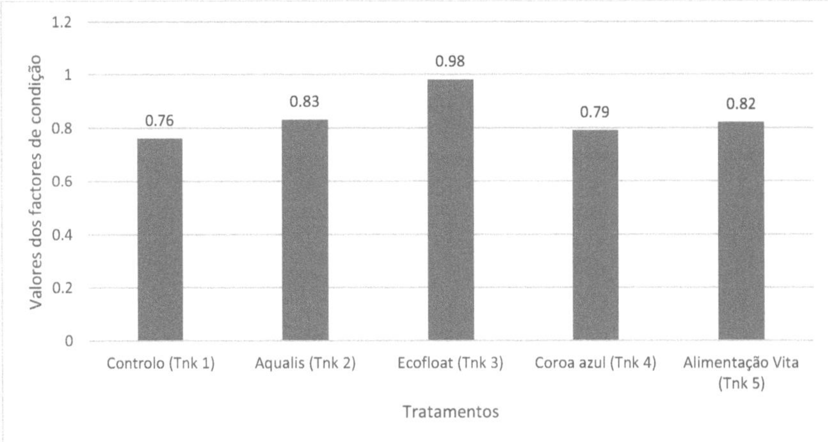


**Figura 5: Variação do fator de condição de *Clarias gariepinus* alimentada com quatro diferentes rações comerciais para peixes.**

## 4.8 Parâmetros físico-químicos da água nos tanques

Os resultados dos parâmetros físico-químicos da água do tanque Tarpaulin são apresentados na tabela 3. Revelaram que o pH da água variou de 6,30 - 8,40 com um valor médio de 6,52. A temperatura média da água foi de 27,48° C com um intervalo de 27,40 - 28,80° C. O oxigénio dissolvido médio da água foi de 5,51mg/l, com um intervalo de 3,4 - 5,55mg/l.

**Tabela 3. Algumas propriedades físico-químicas da água da lagoa**

| Parâmetro | TC | T1 | T2 | T3 | T4 |
|---|---|---|---|---|---|
| pH | 7.0±0.14 | 6.9±0.26 | 6.6±0.29 | 6.5±0.52 | 6.9±0.041 |
| Temp (° C) | 27.50±0.14 | 26.55±0.09 | 26.75±0.07 | 27.20±0.09 | 27.10±0.07 |
| DO (mgl )$^{-1}$ | 7.8±0.06 | 8.0±0.012 | 7.6±0.017 | 7.2±0.019 | 7.5±0.021 |

# CAPÍTULO CINCO

## 5.1 DISCUSSÃO

O crescimento dos peixes depende da ingestão de alimentos e de uma série de factores intrínsecos (Eyo, 2003). Este estudo indicou que os alevins *de Clarias gariepinus* alimentados com Coppens exibiram um crescimento ótimo com um nível de proteína de 56%, o que está de acordo com Oluyinka *et al.*, (2015), um estudo de peixes alimentados com Coppens que mostrou uma taxa de crescimento significativa e utilização de nutrientes contra Euro, Melick e Durante. Este estudo é apoiado por vários estudos sobre o efeito e o desempenho do crescimento com diferentes alimentos de diferentes fontes de proteínas em *Clarias gariepinus*. Foram realizados vários estudos sobre a substituição da farinha de peixe por fontes de proteína convencionais para a produção de peixe-gato africano (Vásquez-Torres *et. al.*, 2011; Nahar, 2000; Musa *et al.*, 2012; Tiamiyu 2018). Os níveis de proteína nos alimentos para aquicultura geralmente variam em média de 30 a 35% para o camarão, 28-32% para o peixe-gato, 35-40% para a tilápia, 38-42% para o robalo híbrido e 40-45% para a truta e outros peixes marinhos (Craig *et al.*, 2017). Neste estudo, foi utilizado o intervalo de 38-45 por cento dos níveis de proteína bruta, é claro, quanto maior o nível de proteína bruta, portanto, o desempenho de crescimento em *Clarias gariepinus*.

Os resultados deste estudo também revelaram que os peixes alimentados com Coppens tiveram o melhor ganho de peso bimestral e total, seguidos por Bluecrown, Vitafeed e Aqualis sequencialmente. O Ecofloat teve os registos mais baixos em todos os parâmetros de crescimento. Os parâmetros de crescimento como a taxa de crescimento específico, a taxa de crescimento diário, a taxa de conversão alimentar e os comprimentos foram significativamente diferentes em todos os tratamentos. Os peixes alimentados com Coppens apresentaram um elevado desempenho em termos de crescimento, o que talvez se deva ao elevado nível de proteínas brutas, cinzas, gorduras e cálcio da sua ração, que são os nutrientes necessários para o crescimento efetivo dos juvenis *de Clarias gariepinus*. Pode haver uma controvérsia na comparação do desempenho do crescimento dos peixes alimentados com Bluecrown em relação aos peixes alimentados com Aqualis com níveis de PC de 42% e 45%, respetivamente. Neste ponto de vista, o desempenho efetivo do crescimento não depende estritamente do nível de PC, mas em combinação com outros nutrientes, tais como cálcio, fósforo, cinzas e níveis de gordura, que, como referido acima, são constituintes importantes para o crescimento efetivo dos peixes na alimentação dos peixes. Este estudo apoia Mustapha *et al.*, (2014) e Okon *et al.*, (2020) relatam o crescimento significativo e o ganho de peso em *Clarias gariepinus* alimentados com Coppens que mostraram um aumento significativo ($P<0,05$) de peso superior, taxa de crescimento específico, rácio de eficiência proteica e baixo rácio de conversão alimentar do que os peixes alimentados com ração local com baixa proteína bruta (10,95%), lípidos (3,95%) e cinzas (4,92%).

A taxa de crescimento bimestral foi altamente eficaz e significativa nos peixes alimentados com Coppens. Em comparação com o peso ganho nas outras semanas, a segunda semana teve o menor peso, talvez devido à condição de se adaptarem ao tipo de ração que lhes foi introduzida. Os nutrientes foram mais utilizados para a sua sobrevivência do que para um aumento efetivo do comprimento e peso dos peixes. No entanto, houve uma taxa de crescimento estável na semana 8 e na semana 10, já que os peixes se adaptaram à ração. Este foi um relatório semelhante ao de Okon *et al.*, (2020).

As propriedades físicas e químicas do peixe não podem ser ignoradas, uma vez que desempenham um papel importante no crescimento e sobrevivência do peixe, mesmo no seu ambiente natural. Os parâmetros físico-químicos obtidos neste estudo são apresentados no Quadro 3. Revelou que a temperatura da água e o pH estavam dentro do intervalo apropriado requerido para o crescimento eficiente do peixe gato no sistema de cultura (Musiba *et al.*, 2014). Os valores de Oxigénio Dissolvido (DO) em ambos os tratamentos caíram dentro dos limites permitidos adequados para o crescimento, desenvolvimento, maturação e produção de gâmetas dos peixes (Okey-Wokeh *et al.*, 2020). A boa concentração de Oxigénio Dissolvido (DO) é provavelmente atribuída ao aumento do valor da Taxa de Conversão Alimentar (FCR) e da mortalidade registada durante o estudo (Yakubu *et al.*, 2015), podendo também dever-se ao facto de o ensaio experimental ter sido realizado num ambiente aberto que permite a entrada de ar atmosférico.

## 5.2. Conclusão

Com base em investigações passadas e actuais sobre a biologia e a cultura do peixe-gato africano, "*Clarias gariepinus* estimulou e incendiou o desenvolvimento", criando assim a importância da sua produção comercial. A ess ê ncia deste trabalho foi realizada para avaliar comparativamente o desempenho de crescimento de quatro alimentos comerciais para peixes em *Clarias gariepinus*, a sua utilização de nutrientes e a sua taxa de sobrevivência. Assim, o presente estudo revelou que com Coppens, *Clarias gariepinus* cresceria eficazmente com elevada percentagem de sobrevivência, apesar de ter sido utilizado como controlo.

Além disso, entre os alimentos fabricados localmente, Bluecrown e Vitafeed tiveram um desempenho muito bom, respetivamente, e devem ter uma diferença significativa (P>0,05). Estes resultados seriam úteis para futuras investigações por parte de gestores de pescas e investigadores na Nigéria e ajudarão tanto os agricultores como os futuros agricultores a descrever para decidir o tipo de ração de que dependem no negócio da piscicultura.

## 5.3. Recomendação

Tendo em conta o conhecimento limitado de alguns agricultores sobre a escolha de alimentos para animais com base na atividade aquícola, este trabalho recomenda que a informação recolhida nesta investigação seja utilizada como fonte de conhecimento pelos agricultores locais.

Em segundo lugar, devem ser consideradasmais investigações sobre este tópico noutros alimentos comuns conhecidos e usados pelos agricultores para determinar a sua eficácia na *Clarias gariepinus* ou em qualquer outra espécie de peixe comum na Nigéria.

# REFERÊNCIAS


Achionye-Nzeh, C. G. Qgidiolu, O., e Salmi, S. (2002). Resposta do crescimento de juvenis de *Clarias anguilaris* à dieta formulada, *Ciriuna forda* em laboratório. *Jornal Nigeriano de Ciências Puras e Aplicadas*. 17:1253-1256.

Achionye-Nzeh, C. G., Qqidiolu, O., Salmi, S. (2003). Efeitos da dieta de *Rana esculenta* no crescimento de *Clarias anguillaris*. *Jornal de Investigação e Desenvolvimento Agrícola*. 2:120-121.

Aderolu, A., Seriki, B., Apatira, A., e Ajaegbo, C., (2010). Efeitos da frequência de alimentação no crescimento, eficiência alimentar e viabilidade económica da criação de alevins e juvenis de peixe-gato africano *(Clariasgariepinus)*. *Jornal de Ciências Alimentares de África*. 4(5):286-290.

Adewumi, A. e Olaleye, V. (2010). Cultura do peixe-gato na Nigéria: Progresso, Perspectivas e Problemas. *Jornal Africano de Investigação Agrícola,* 6(6); 11281-1285.

Akinsanya, B., e Otubanjo, O. (2006). Helminthes Parasitas de *Clarias gariepinus* na Lagoa Lekki, Lagos, Nigéria. *Revista de Biologia Tropical*, 54(1) 93-99.

Aminisah, S., Oteng, M. A., Ofori, J. K. (2009). Desempenho de crescimento do peixe-gato africano *Clarias gariepinus*, alimentado com diferentes níveis de inclusão de farinha de folhas de *Leucaena leucocephala*. *Jornal de Ciência Aplicada e Gestão Ambiental* 13(1): 21-26.

Anhwange, B., Ajibola, V., e Oniye, S., (2005). Potencial Nutricional das Sementes de *Bauhinia*

Documento técnico sobre aquacultura. (2007). Roma, (FAO). pp. 463-479.

Auta, J., Yashim, Y. E., Dambo, A. e Tiamiyu, B. B. (2013). Respostas de crescimento do peixe-gato africano, *Clarias gariepinus*, alevinos para alimentos importados e locais. *Jornal Internacional de Pesquisa Biológica Aplicada* 5(1): 55 - 61.

Ayinla, O.A. (2007). Analysis of feeds and fertilizers for sustainable aquaculture development in Nigeria (Análise de alimentos e fertilizantes para o desenvolvimento sustentável da aquacultura na Nigéria). Em M. R. Hassan, T. Hecht, S. S. De Silva e A. G. J. Tacon (Eds). Study and analysis of feeds and fertilizers for sustainable aquaculture development (Estudo e análise de alimentos e fertilizantes para o desenvolvimento sustentável da aquacultura). *FAO fisheries technical paper* No. 497. Rome. FAO. 453-470.

Baloguo, B. J., Oniyc, S. J., Auta, J. C., Lakpini, A. M. e Abeke, O. (2014). Desempenho de crescimento e utilização de alimentos de *Clarias Gariepinus* (Teugels) alimentados com diferentes níveis dietéticos de farinha de sementes de *Bauhinia monandra* (KUTZ) embebida. *Journal of Fisheries Sciences.* 12(2) 154-163.

Baras, E., e Jobling, M. (2002). Dinâmica do canibalismo intracoorte em peixes cultivados. *Aquacul. Res. 33:461- 479.*

Bichi, B. H. e Ahmad, M. K. (2010). Desempenho de crescimento e utilização de nutrientes do peixe-gato africano (*Clarias gariepinus*) alimentado com níveis dietéticos variáveis de folhas de mandioca processadas. *Bayero Journal of Pure and Applied Sciences,* 3(1): 118-122.

Bruton, M. (1996). Alternative Life- history Strategies of Catfishes. *Aquatic Living*. Pp. 28-29.

Cho, S. H., Y. S. Lim, J. H. Lee e S. Park. 2003. Effect of feeding rate and feeding frequency on survival, growth, and body composition of ayu post-larvae *Plecoglossus altivelis*. *J. World Aquacult. Soc.* 34:85-91.

Craig, S. e Helfrich, L. (2017). Entendendo a nutrição, alimentação e alimentação de peixes. Comunicações e Marketing, Faculdade de Agricultura e Ciências da Vida, *Virginia Tech*. pp 1-6

Dabrowski, K. (1986). Requisitos alimentares dos peixes, com especial atenção para a carpa comum: A Review. *Arquivos Polacos de Hidrobiologia*, 26: 135-158.

Degani, G., Ben-Zvi, Y., e Levanon, D. (1989). The effect of different protein levels and temperature on feed utilization, growth and body composition of *Clarias gariepinus*. *Aquaculture,* 76: 293-301.

Delgedo, C. l. e Minot, N. (2003). "Proposta GRP27 - Participação em Mercados Agrícolas de Alto Valor": Apresentada no IFPRI, 12 de junho de 2003.

Dong-Fang, D., S. Koshio, S. Yokoyama, S. C., Bai, Q. Shao, Y. Cui e S. S. O. Hung. (2003). Efeitos da taxa de alimentação no desempenho do crescimento das larvas de esturjão branco (*Acipenser transmontanus*). Aquacult. 217:589-598.

Erornosele, L. e Eromosele, C. O. (1993). *Alimentos vegetais para a nutrição humana* (Países Baixos) 43(3)251-258.

Ezenwa, B., (2006). Aquaculture Research and Fish Farm Development Potentials in the Niger Delta Paper Presentaion at a Workshop "Catch Your Fish". Port Harcourt, Nigéria 18-19th maio, 67p.

FOA (Food and Agricultural Organization) (1996). Aquaculture potential in African Documentação publicada por ocasião da Cimeira Mundial da Alimentação em Roma.

FOA (Food and Agricultural Organization) (2000). A composição do peixe. Pp 1-80.

FOA (Organização das Nações Unidas para a Alimentação e a Agricultura) (2010). O Estado da Pesca e da Aquicultura. *FAO*, Roma, Itália. 54p.

FOA (Organização das Nações Unidas para a Alimentação e a Agricultura) (2012). Sobre o estado da pesca e da aquicultura no mundo, parte 1: *Balanço Mundial da Pesca e da Aquicultura*, Roma.

FOA (Organização das Nações Unidas para a Alimentação e a Agricultura) (2013). Gestão da alimentação na exploração em aquacultura. *Documento Técnico da FAO sobre Pescas e Aquicultura.* 583:68.

Organização das Nações Unidas para a Alimentação e a Agricultura (FAO), (2000). O estado da pesca e da aquicultura no mundo. Roma, Itália.

Foran, J.A, Carpenter, D.O, Hamilton, M. C, Knuth, B. A, & Schwager, S. J. (2005). Riskbased consumption advice for farmed Atlantic and wild pacific salmon contaminated with dioxins and dioxin- like compounds. *Saúde Ambiental. Perspetiva*. 33:552-556.

Fundação para iniciativas de parceria no Delta do Níger, (2017). Análise da cadeia de valor de alimentos para peixes no Delta do Níger. Pp 51.

Gabriel, U. U., Akinrotimi, O. A., Bekibele, D. O., Onunkwo, D. N. e Anyanwu, P. E. (2007). Ração para peixes produzida localmente: Potencialidades para o Desenvolvimento da Aquacultura na África Subsaariana. *Jornal Africano de Investigação Agrícola.* 2(7): 287-295.

Gaylord, G. T., Barrows, F. T. e Teaque, A. M. (2006). Suplementação com taurina de uma dieta à base de plantas para a truta arco-íris (*Oncorhynchus mykiss). Jornal da Sociedade Mundial de Aquacultura, 37: 509-517.*

Hardy, R. W. (2010). Utilização de proteínas vegetais em dietas para peixes: Effects of Global demand and supplies of Fishmeal. *Investigação em Aquacultura,* 41:770-776

Hecht, T. (2013). Uma revisão das práticas de gestão alimentar na exploração para o peixe-gato do Norte de África (*Clarias gariepinus*) na África Subsariana. *Em* M.R. Hasan e M.B. New, eds. On-farm feeding and feed management in aquaculture. *Organização das Pescas e Aquacultura.* 15 (2) 123-142.

Hect, T. (2007). A review of feeds and fertilizers for sustainable aquaculture in sub-Saharan Africa. *Documento técnico da FAO sobre pescas*. No. 497 Roma. FAO.

Helfrich, L. e Craig, S. (2002). Understanding Fish Nutrition, Feeds and Feeding (Compreender a Nutrição dos Peixes, Alimentos e Alimentação). Publicação do Serviço de Extensão Cooperativa da Virgínia. 420-256.

Inyang, U. A., Essien, E. A., Essien, U. B., Akinjogunla, V. F. e Ekpenyong, E. A. (2024). Avaliação comparativa dos perfis nutricionais do peixe-gato selvagem e criado em tanque (*Clarias gariepinus*) em Obubra LGA, Cross River State, Nigéria. *Jornal Asiático de Investigação Alimentar e Nutrição,* 3(3):731-738.

Jamabo, N. A. e Alfred Ockiya, J. f. (2008). Efeitos dos níveis de proteína da dieta no desempenho do crescimento de alevins *Heterobranchus bidorsalis* do Delta do Níger. *Revista Africana de Biotecnologia,* 7(14): 2483-S2485.

Jamu, D. M., Ayinla, O. A. (2003). Potencial para o desenvolvimento da aquacultura em África. *NAGA* 26 (3): 6-13.

Jauncey, K. (2000). Necessidades nutricionais. In: Beveridge, M. C. M e Mcandrew, B. J. (Eds), Tilapias: Biology and Exploitation, Lancaster, Reino Unido: Kluwer Academics Publishers, 508p.

Kannadhason, S., Muthukumarappan, K., Rosentrater K. A. (2009). Efeitos dos ingredientes e parâmetros de extrusão em rações aquáticas contendo DDGS e amido de tapioca. *Journal Aquaculture Feed Science Nutrition* 1(1):6-21.

Keremah, R. I., e Beregha, O. (2014). Efeito da variação dos níveis de proteína na dieta sobre o crescimento e a utilização de nutrientes dos *alevins* de peixe-gato africano *Clarias gariepinus*. *Jornal de Biologia Experimental e Ciências Agrícolas*, 2(1) 13-18.

Lawal, M. O., Aderolu, A. Z., Aarode, O. O., e Yekinni, A. (2013). Crescimento e desempenho económico de *Clarias gariepinus* alimentados com diferentes fontes de dietas de cálcio e fósforo. *Journal of FisheriesSciences.com*. 7(2): 187-193.

Lech, G. P., e Reigh, R. C. (20102). Os produtos vegetais afectam o crescimento e a eficiência digestiva do Pompano da Florida (*Trachinotus carolinus*) alimentado com dietas compostas. *PloSONE*, 7(4):34981.

Limbu, S. M. (2015). O efeito de dietas flutuantes e afundantes no desempenho de crescimento, eficiência de conversão alimentar, rendimento e custo-benefício do peixe-gato africano Sharptooth, *Clarias gariepinus* criado em lagoas de terra. *Jornal Internacional de Pescas e Estudos Aquáticos*, 2(5): 253-259.

Limbu, S. M., Jumanne, K. (2014). Efeito do regime de restrição e realimentação no custo de alimentação, desempenho de crescimento, utilização de ração e taxa de sobrevivência da tilápia do Nilo de sexo misto *Oreochromis niloticus* cultivada em tanques. *International Journal Fish Aquaculture Studies*; 2(1):118-123.

Marimuthu K., Umah, R., Muralikrishnan, S., Xavier, R., e Kathiresan, S. (2011). Efeito de diferentes taxas de aplicação de ração no crescimento, sobrevivência e canibalismo de alevins de peixe-gato africano, *Clarias gariepinus*. *J. Food Agric*. 23 (4): 330-337

Matanda, Ruth Nguhe, (2017). Desempenho comparativo do crescimento de alevins de peixe-gato africano (*Clarias gariepinus*) com diferentes dietas-alvo. Uma tese apresentada em cumprimento parcial dos requisitos para a atribuição do grau de mestre em ciências da aquacultura, escola de ciências biológicas, Universidade de Nairobi. 78pp.

Mihelakakis, A., Tsolkas C. e Yoshimatsu, T. (2002). Otimização da taxa de alimentação dos juvenis de dourada *Sparus aurata* produzidos em maternidade. *J. World Aquacult. Soc.* 33:169-175.

Monandra (Linn). *Jornal de Tecnologia Alimentar* 3 (2); 204 - 208. Rede de Publicações Grace, 2005.

Musa, S. M., Aura, C. A., Ngugi, C. C. e Kundu, R., (2012). O Efeito de Três Diferentes Tipos de Alimentação no Desempenho do Crescimento e Sobrevivência de Alevins de Peixe-Gato Africano (*Clarias gariepinus*) Criados numa Incubadora. *Rede Internacional de Investigação Académica.* 6 pp.

Musiba, M. J., Ngupala, G. W., Kashindye, B. B., Elison, M., Shoko, A. P. e Ndikumana. (2014). Desempenho de alimentos formulados localmente para a criação de peixe-gato africano na Tanzânia. *African Crop Science Journal*, 22(4):979-986.

Musiba, M. J., Ngupula, G. W., Kashindye, B. B., Elison, M, Shoko, A. P., Ndikumana, J., Zziwa, E. e Katunzi, E. F. (2014). Desempenho de alimentos formulados localmente para a criação de peixe-gato africano na Tanzânia. *African Crop Science Journal,* 22(4) 979 - 986.

Mustapha, M. K., Akinware, F. B., Faseyi, A. C., e Alade, A. A. (2014). Efeito comparativo de alimentos comerciais locais e estrangeiros no crescimento e sobrevivência de juvenis de *Clarias gariepinus Journal of Fisheries2*(2)106-112.

Nahar, Z., Azad Shah A. K., Bhandari, R. K., Ali, M. H. e Dewan, S. (2000). Efeito de diferentes alimentos no crescimento, sobrevivência e produção do peixe-gato africano *(Clarias gariepinus*). *Bangladesh J. Fish. Res.,* 4(2), 2000: 121-126.

Naylor, R. L., Hardy, R. W., Bureau, D. P., Chiu, A., Elliot, M., Farrell, A. P., Forster, I., Gatlin, D. M., Goldburg, R. J., Hua, K. e Nichols, P. D. (2009). Alimentar a aquacultura numa era de recursos finitos. *PNAS* 106, 15103-15110.

Ng, W., Lu, K., Hashim, R., e Ali, A. (2000). Efeitos da taxa de alimentação no crescimento, utilização da ração e composição corporal do bagre tropical bagrid. *Aquacult. Internat*. 8:19-29.

Nwanna, L. C., e Oni, O. V. (2018). Determinação da relação óptima de cálcio e fósforo para a produção de peixe-gato africano *Clarias gariepinus* (Burchell, 1822). *J. Appl. Sci. Environ. Manage.* 22(5) 689-692.

Nyina-Wamwiza, L., Wathelet, B., Richir, J., Rollin, X., e Kestemont, P., (2010). "Substituição parcial ou total da farinha de peixe por subprodutos agrícolas locais em dietas de juvenis de peixe-gato africano (*Clarias gariepinus*): Growth Performance, Feed Efficiency and Digestibility," *Aquaculture Nutrition*, vol. 16, no. 3, pp. 237-247.

Ogunlade,I., (2007). Antecedentes das necessidades de informação dos piscicultores no Estado de Osun, Nigéria. Actas da Conferência Internacional AAE 2nd , 18-22 de agosto de 2007, Accra, Gana, pp165-169.

Ogunlaye, I., (2007). Antecedentes das necessidades de informação dos piscicultores no Estado de Osun, Nigéria. Actas da Conferência Internacional da AAE 2nd . Accra, Gana, pp 165-169.

Okey-Wokeh, C. G., Obunwo, C. C., Boisa, N. Assessment of Physicochemical Characteristics of Mini-Ezi Stream in Elele-Alimini, Emohua Local Government Area of Rivers State, Nigeria. *Revista*

*Internacional de Avanços em Investigação Científica e Engenharia,* 6(1):196-202.

Okon, A. O. (1991). Dieta Artificial Óptima para Peixes Tropicais. Seminário de Mestrado, Universidade de Ibadan, Nigéria.

Okon, A. O., Udoinyang, E. P. e Essien, E. A. (2020). Desempenho do crescimento do peixe-gato africano, *Clarias gariepinus* alevins alimentados com quatro alimentos comerciais. *Jornal de Zonas Húmidas e Gestão de Resíduos*; 4 (1):51-55.

Oluyinka, A. A., Ajani, F., e Folarinwa, O. R. (2015). Utilização de nutrientes e crescimento de *Clarias gariepinus* alimentados com quatro alimentos comerciais diferentes. *Revista Internacional de Pesca e Aquicultura.* 7(7), pp. 107-110.

Omitoyin, B.O. (2007). *Introduction to Fish Farming in Nigeria,* Ibadan University Press. 1st edition. 90pp.

Otubusin, S. O. Ogunleye, F. O., Agbebi, O. T. (2009). Ensaios de alimentação utilizando fontes proteicas locais para substituir a farinha de peixe em rações peletizadas na cultura do peixe-gato *Clarias gariepinus* (Burchell 1822). *Jornal Europeu de Investigação Científica,* 31(1): 142-174.

Panagiotis, A. P. (2005). Rácios proteína/energia em peixe-gato africano alimentado com dietas purificadas: Será *Clarias gariepinus* um carnívoro vulgar? *Arquivos da Pesca Polaca* 3(2): 157-170.

Pangni, K., Atse, B. C. e Kouassi, N. J. (2008). Efeito da densidade de povoamento no crescimento e sobrevivência das larvas do peixe-gato africano *Chrysicthys nigrodigitatus,* Claroteidae (Lacepede, 1803) em tanques circulares. *Investigação Pecuária para o Desenvolvimento Rural,* 20 (7):7-10.

Pruszyński, T. 2003. Efeitos da alimentação na excreção de amónio e no crescimento dos alevins do peixe-gato africano (*Clarias* gariepinus). *Czech J. Anim. Sci.*, 48 (3): 106-112.

Rad, F., Kurt, G., e Bozaoůlu, A., (2003). Efeitos de padrões espacialmente localizados e dispersos de distribuição de alimentos no crescimento, dispersão de tamanho e taxa de conversão alimentar do peixe-gato africano (*Clarias gariepinus*). *Turk J Vet Anim Sci* 28, 851-856.

Silas, I. I., Essien, E. A., Anietie, H. N., Inyang, S. X. e Akpan, A. E. (2024). Estudo comparativo sobre a prevalência de parasitas gastrointestinais entre o peixe-gato africano *Clarias gariepinus*, selvagem e criado em lago, no estado de Akwa Ibom. *South Asian Journalof Parasitology (SAJP).* 7(2):133-140.

Somsueb, P. (2013). Requisitos de proteína e energia e alimentação de peixes. *Instituto de Investigação de Alimentos para Animais, Gabinete de Investigação e Desenvolvimento da Pesca Interior*, 2(2)193-209.

Sørensen, M. (2012). Uma revisão dos efeitos da composição dos ingredientes e das condições de processamento nas qualidades físicas dos alimentos extrudidos de alta energia para peixes, conforme medido pelos métodos prevalecentes. *Aquacult Nutr*; 18(3):233-248.

Sotolu, A. O. (2009). Utilização comparativa de farinha de resíduos de peixe com farinha de peixe importada pelo peixe-gato africano (*Clarias gariepinus*). *Jornal Americano-Eurasiático de Investigação Científica* 4(4): 285-289.

Sugunan, V. V. (2002). Enhancement: an effective tool for increasing inland fish production *Fishing Chimes,* 21:21-22.

Tan, Q., Xie, S., Xhu, X., Lei, W., e Yang, Y., (2007). Efeito da relação entre hidratos de carbono e lípidos no crescimento e na eficiência alimentar do peixe-gato chinês Longsnout (*Leiocasis longirostris*). *Journal of Applied Ichthyology*, 23 (5): 605-610.

Thorarinsdottir, R., Jokumensen, A., Bjornsson, B. e Torrissen, O. (2011). Matérias-primas locais para a produção de alimentos para peixes em aquacultura. Projeto do Centro de Inovação Nórdico n.º 10102. 64p.

Tiamiyu, A. M. (2018). Desempenho de crescimento do peixe-gato africano, *Clarias gariepinus*, alimentado com níveis de inclusão variáveis de *Talinum Triangulare* como aditivos alimentares. *Revista Biomédica de Investigação Científica e Técnica (BJSTR)*. 9(3) 7185-7189.

Tunde, A. O., Ojo, S. O., Adeleke, B., e Oluyisola, O. O. (2016). O desempenho do crescimento do peixe-gato africano (*Clarias gariepinus*) alimentado com alimentos importados para peixes preparados comercialmente. *Jornal Internacional de Economia Agrícola*. 1(3):57-61.

Ukwe, O. I., Edun, O. M., e Akinrotimi O. A., (2018). Crescimento e índices microbianos em larvas de peixe-gato africano (*Clarias gariepinus*) alimentadas com dietas formuladas e comerciais. *Jornal de Ciências da Pesca*. 12(2): 001-008

Ukwe, O. I., Edun, O. M., e Akinrotimi, O. A. (2018). Crescimento e índices microbianos em larvas de peixe-gato africano *(Clarias gariepinus*) alimentadas com dietas formuladas e comerciais. *Jornal de Ciências da Pesca*. 12(2) 001-008.

Uys, W. (1989). Aspectos da fisiologia nutricional e necessidades alimentares do peixe-gato juvenil e adulto, *Clarias gariepinus* (Pisces: Clariidae). Tese de doutoramento, Universidade de Rhodes, África do Sul.

Vásquez-Torres, W., Pereira-Filho, M., Arias-Castellanos, E J. A., (2011). Exigência óptima de proteína bruta na dieta para juvenis de cachama *Piaractus brachypomus*. *Ciência Rural*. 41(12):2183-2189.

Watanabe, T. (2002). Estratégias para um maior desenvolvimento de alimentos para animais aquáticos. *Fisheries Science* 68, 242-252.

Wong, K. (2001). *Fishes of the World (Peixes do Mundo*). John, W. and Sons, Inc. ISBN 0-471-25031.

Yakubu, A. F., Nworgu, N. A.Olaji, E. D. e Adams, T. E. (2015). Impacto de três diferentes alimentos comerciais no crescimento e sobrevivência de alevinos *de Clarias gariepinus* (Burchell, 1822) em tanques de vidro de aquários. *American Journal of Experimental Agriculture* 2015;9(1):1-6.

MIX
Papier aus verantwortungsvollen Quellen
Paper from responsible sources
FSC® C105338

Printed by Books on Demand GmbH, Norderstedt / Germany